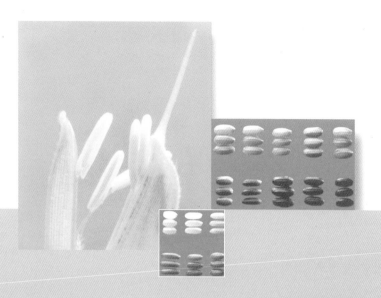

개 정 판

기능성 쌀의 과학

2010
문화체육관광부
우수학술도서

류수노 지음

에피스테메
EPISTEME

(개정판)
기능성 쌀의 과학

초판 1쇄 펴낸날 / 2010년 2월 1일
초판 2쇄 펴낸날 / 2010년 7월 1일
개정판 1쇄 펴낸날 / 2014년 2월 25일

지은이 / 류수노
펴낸이 / 조남철
펴낸곳 / (사)한국방송통신대학교출판문화원
　　　　주소　서울특별시 종로구 이화장길 54 (110-500)
　　　　전화　(02)3672-0123
　　　　팩스　(02)741-4570
　　　　홈페이지　http://press.knou.ac.kr
　　　　출판등록　1982.6.7. 제1-491호

ⓒ 류수노, 2010 · 2014
ISBN　978-89-20-01321-8 93520
값 17,000원

편집 · 조판 / (주)동국문화
표지 디자인 / 김명혜
인쇄 / (주)서경문화

　인간생활의 기본인 의식주(衣食住)는 농업에 근간을 두고 있으며, 그 중 먹을거리의 문제는 절대적으로 농업에 의존하고 있기에, 인류가 존재하고 있는 한 농업은 결코 무시될 수 없다. 2014년 현재 세계 70억 인구 중에 25%인 17억 인구가 식량난에 허덕이고 있고, 특히 아프리카 여러 나라와 북한은 식량 부족으로 국가의 존립 자체가 위협받고 있다. 이는 기하급수적으로 늘고 있는 세계 인구를 식량 증산이 미처 따라가지 못하기 때문이다.

　또한 최근 국제적인 이상기후, 국제 곡물가격의 폭등과 농자재 및 유류가격 상승으로 인해 세계적으로 농업은 어려움을 겪고 있으며, 세계 식량 재고량이 지난 1970년 이래 가장 낮은 수준으로 현저하게 떨어져 있다. OECD 가입 국가 중에서 가장 낮은 식량자급률(24.3%)을 가진 우리나라는 쌀을 제외하면 식량자급도가 4%에 불과해 식량안보 면에서 세계적으로 가장 취약한 구조를 가지고 있다.

　우리나라는 식량의 대외의존도가 높은 나라인데도 남아도는 쌀의 처리 문제로 고민하고 있다. 어떻게 보면 축복받은 상황임에도 불구하고 쌀의 가치는 떨어지고 농업인은 더욱 힘들어하고 있다. 이러한 쌀에 대한 홀대 기조를 변화시킬 수 있는 방안으로 쌀이 단지 식량생산의 단순 의미를 넘어 건강, 기능성을 갖춘 품종개발과 같은 신소재 개발 등으로 이용될 수 있는 원천기술의 개발이 필요하다.

최근 식생활이 서구화되고 다양화됨에 따라 생리·기능적 측면에서 쌀이 가지고 있는 천연색소의 역할이 주목받고 있다. 흑자색미에 많이 함유된 안토시아닌은 페놀계 화합물로서 동물 체내에서 항산화·항염·항암·항아토피·항당뇨 및 심혈관계 질병 등의 예방과 치료에 효과가 있는 것으로 밝혀진 성분이다. 유색미의 안토시아닌 중에서 가장 뛰어난 기능을 가진 색소 중의 하나가 시아니딘 3-글루코사이드(Cyanidin 3-glucoside, 약칭 C3G)이다.

본 연구진이 육성한 '슈퍼자미벼'는 흑진주벼에 비해 C3G 색소가 10배 이상 높은 품종으로 혈당 감소 효과와 아토피 치료 효과가 뛰어난 기능을 가지고 있어 쌀의 소비량이 감소하고 있는 우리나라에서 쌀의 이용 범위를 확대시켜 주고, 궁극적으로 쌀의 생산기반인 논〔畓〕을 유지하는 데 크게 기여할 것으로 본다.

벼는 자연생태계 속에서 생산을 되풀이하는 과정에서 풍부한 수자원의 확보와 물 흐름의 조절 등을 통하여 국토를 보전함과 동시에 영구적으로 연작이 가능한 대표적인 작물이다. 그러므로 우리에게 주어진 사명 중의 하나는 쌀을 중심으로 한 식생활의 훌륭한 점을 재평가하고, 풍토에 적합한 논을 중심으로 한 지속 농업의 일환으로 주식을 스스로 자급하지 않으면 안 된다는 지극히 당연한 진리를 인식하여, 생산성 있는 논을 우리 후손에게 물려주어야 한다는 것이다.

이 책은 내용의 대부분이 지난 13년 동안 육성한 슈퍼자미벼를 비롯한 7개 품종에 관련된 연구성과물이라는 것이 큰 특징이다. 또한 그 동안 발표한 기능성 쌀 연구 논문을 종합하고 정리했다는 데 의의가 크다. 이 책이 금후 기능성 쌀에 관련된 연구자들의 연구와 학문에 다소나마 도움이 되었으면 하는 마음 간절하다. 또한 처음으로 단일 분야의 연구실적을 책으로 편집하는 일을 시도한 만큼 미흡한 점이 없지 않을 것이므로 이에 대한 선배·동료·후배들의 기탄 없는 질책을 바라마지 않는다.

끝으로 이 책의 출판에 많은 자료를 제공해 주신 박순직 교수님, 김홍렬 박사님, 최용환 박사님, 한상준 교수님에게 감사를 보내고, 본 저서가 출판되기까지 수고를 아끼지 않은 권순욱 교수, 추상호 박사에게 고마운 뜻을 전한다.

2014년 2월

류 수 노

차 례 CONTENTS

제1장

기능성 쌀의 종류와 개발현황

1 기능성 쌀의 종류와 특징

국민소득 수준 향상과 더불어 소비자들의 웰빙 열풍으로 기능성 쌀을 선호하는 추세이다. 최근에 일고 있는 웰빙 열풍은 시장에서 기능성 농산물에 대한 요구를 증대시켰고, 또한 이에 상응하는 다양한 브랜드 농산물이 등장하는 계기가 되기도 하였다.

우리 쌀의 국제경쟁력을 높이는 길은 품질의 고급화뿐이며, 기능성 특수미 품종개발과 이의 효율적 가공이용을 통해서 쌀 상품의 가치를 크게 증대시키는 것이 중요하다. 단순히 밥 짓는 쌀의 생산에만 그치는 것이 아니라 쌀 식품 형태나 용도의 다양화를 기하기 위하여 여러 가지 특수 쌀 품종개발이 시급하다.

기능성 식품이란 "식품이 갖는 생체방어, 생체리듬의 조절, 질병의 방지와 회복 등 생체조절 기능 등을 충분히 발휘할 수 있도록 설계되고 가공된 식품"으로 정의할 수 있다. 기능성 식품이라는 용어는 1980년대 중반 일본에서 사용하기 시작했는데, 일반 전통적인 식품보다 건강에 유용한 요소가 포함되어 있거나 건강에 좋은 식품을 일컫는다.

기능성 쌀이란 쌀이 본래의 영양원 이외에 특수한 영양적 가치가 새로이 첨가되거나 강화된 것으로서 일정 수준 이상의 고부가가치와 구별되는 상품성을 가진 품종 또는 그러한 상품을 말한다. 최근 잘못된 식생활에서 기인한 각종 성인병의 예방 및 치료에 유효한 각종 기능성 물질을 첨가하거나 일부 영양성분을 강화하고, 취반의 간편성을 추구한 새로운 형태의 쌀 제품군이라고 할 수 있다.

우리의 주식으로 지난 수천 년 동안 이용되어 온 쌀은 주된 구성물질이 전분으로 중요한 에너지 공급원이 되어 왔다. 현재 알려진 영양성분으로는 비타민 B군을 비롯하여 식이섬유, 비타민 E 등 각종 생리활성 기능이 있는 물질이 들어 있다. 특히 미강에는 천연색소, γ-오리자놀, GABA, 페놀성 화합물 등 매우 뛰어난 생리활성물질이 다량 포함되어 있는 것으로 밝혀지면서 중요한 식품소재로 대두되고 있다.

1 기능성 쌀의 분류와 특징

일반적으로 기능성 쌀은 크게 세 가지 형태로 구분된다(표 1-1).

첫째, 품종형 기능성 쌀이다. 선발육종 및 교잡육종을 통해 육성한 향기 나는 쌀, 고섬유질쌀, 고라이신쌀, 고함유 안토시아닌쌀 등은 대표적인 예이다. 1980년대까지만 해도 수확량이 많은 다수성 쌀 품종육성에 집중되었으나 1990년대부터는 고품질 또는 기능성 쌀 육종으로 연구가 진행되고 있다. 일본에서 재배, 시판되고 있는 알레르기 방제용 쌀은 유전자 조작기술의 하나인 형질전환 육종방법으로 생산한 대표적인 사례이다. 알레르기 원인물질인 글로불린계 단백질 함량을 2~3% 이하로 조절한 제품으로 아토피성 피부염에 민감한 소비자에게 안심하고 쌀밥을 즐길 수 있도록 개발한 제품이다.

둘째, 재배농법에 의한 기능성 쌀이다. 벼 재배 중에 기능성 물질(게르마늄, 셀레늄 등)을 처리해서 이들 물질이 함유된 쌀을 생산하는 방법이다. 처리시기, 처리방법, 함유 정도에 따라 기능에도 영향을 받게 된다. 자재가 비싼 경우 쌀 가격이 상승함에 따라 경제성을 고려해야 하고 처리도 간편해야 한다.

셋째, 가공형 기능성 쌀이다. 각종 기능성 물질을 코팅하여 제조하는 코팅법과 현미발아법, 버섯류 균배양법, 신가공 기술법으로 씻어 나온 쌀

표 1-1 기능성 · 가공용 쌀의 기능 · 적용기술과 종류

구분	기능 및 적용	종류
1. 품종형 기능성 쌀	(1) 고영양 및 영양 균형	거대배아미, 고비타민 · 고미네랄쌀, 고섬 유질쌀(고아미 2호), 검정찹쌀, 고라이신 쌀(영안벼), 큰눈자미벼
	(2) 식미감과 향기	연질미, 향미
	(3) 다양한 가공 적성	분상질미, 당질미
	(4) 기능성 물질 강화	항산화물질강화쌀(흑미, 자미)
	(5) 복합형 쌀	거대배아미분상질미, 거대배아미당질 미, 유색미거대배아미 등
2. 재배농법상 기능성 쌀	(1) 게르마늄 투여	게르마늄쌀
	(2) 셀레늄 투여	셀레늄쌀
	(3) 숯, 키토산 투여	참숯키토산쌀
	(4) 칼슘, 철분 투여	칼슘함유쌀, 철분함유쌀
3. 가공형 기능성 쌀	(1) 코팅법	소당미, 해조쌀, 식이섬유강화쌀, 칼슘 성분강화쌀, 블루베리추출물함유쌀, 카 로틴쌀, 칼슘 · 철분강화쌀, 다이어트쌀, 당뇨쌀, DHA 강화쌀, 은단쌀, 홍화씨추 출액함유쌀, 포도씨추출물코팅쌀, 매실 추출물함유쌀, 복분자추출물함유쌀, 녹 차첨가쌀, 녹용쌀, 녹차카테킨쌀, 클로 렐라쌀
	(2) 균배양법	홍국쌀, 상황버섯쌀, 동충하초쌀, 영지 버섯쌀
	(3) 발아법	발아현미

등이 이에 속한다. 이들 기능성 쌀은 기존의 효능과 안전성이 검증된 물질을 필요한 양만 첨가하는 공법이므로 다양한 제품을 개발할 수 있다.

(1) 혈당을 내려주는 쌀

섬유소 함량을 높인 쌀로서, 쌀 유전자에 자외선 등을 쪼여 자연적 돌연변이를 일으킨 쌀이다. 섬유소는 당이 몸 안으로 흡수되는 것을 방해하므로 식사 후 혈당이 급격히 올라가는 것을 막아 주고 다이어트 효과도 있다. 섬유소 성분이 강화된 쌀을 먹은 경우 체질량과 중성지방지수가 줄고, 식후 혈당 상승폭도 고섬유소쌀을 먹은 집단이 낮았다.

결과적으로 섬유소가 풍부한 쌀은 당뇨 환자와 다이어트를 하는 사람에게 좋을 뿐만 아니라 심혈관계 질환, 대장암 등의 예방에 좋은 것으로 알려졌다.

(2) 암을 예방해 주는 쌀

주로 항암효과가 있는 버섯의 균사체를 백미나 현미에 배양해 만든 쌀이다. 동충하초쌀, 상황버섯쌀, 현미영지쌀 등이 대표적이다.

최근에는 특수가공한 버섯성분을 쌀 표면에 코팅해서 만든 쌀도 있다. 밥을 하면 보통 노르스름한 빛이 난다. 버섯의 강한 항암작용, 면역증강작용, 항균작용, 신장보호작용 등의 효과를 볼 수 있다.

(3) 키 크는 쌀

영안벼는 성장 호르몬 생성에 필요한 필수아미노산인 라이신(lysine) 조성비가 4.13%로 동진벼 대비 11% 높아 일명 키 크는 쌀로 불린다. 라이신은 우리 몸에 반드시 필요한 성분이다. 하지만 체내합성이 안 되고 반드시 음식으로 섭취해야 하는데, 보통 우리나라 사람의 식사량으로는 크게 부족하다. 성장기 아이들의 경우 라이신이 높은 쌀이 성장에 큰 도움이 될 것으로 보고 있다. 영안벼는 농촌진흥청에서 2002년 개발한 벼 품종으로 8월 13일쯤 개화하는 중생종이며 남부지방의 대표적 벼 품종인 동진벼보다도 5일 정도 수확기가 빠르다. 라이신 함량이 많은 쌀은 주로 이유식과 과자에 이용된다.

(4) 영양성분강화쌀

각종 효과가 있는 건강식품의 핵심성분들을 추출해 쌀에 코팅해 만든 제품이다. 현재 출시된 제품으로는 녹차카테킨쌀, 키토올리고당쌀, DHA 쌀, 칼슘성분쌀, 인삼쌀, 클로렐라쌀 등이 있다. 자신이 부족한 영양소가 많이 든 쌀을 골라 일반미에 20 대 80 정도로 섞어 먹으면 된다. 녹차카테킨쌀은 녹차의 주성분인 카테킨이 콜레스테롤 저하, 혈압과 혈당 상승억제 등의 효과를 낸다. 꽃게 껍질에서 추출한 키토산은 간 기능 강화와 당뇨·고혈압 예방, 노화방지 등의 효과가 있다. DHA 쌀은 두뇌구성물질을 생성하게 해 주고 두뇌활동을 촉진시켜 주므로 수험생에게 좋다. DHA 쌀은 10 대 90 정도로 섞어 밥을 짓는 것이 좋다.

③ 특수미의 이용 적성

벼 유전자원은 쌀의 외관·색깔·녹말 구조·성분 함량·호화 특성 등의 변이가 크다. 이러한 특성을 확대 또는 축소하여 그 용도를 개발하면 쌀을 다양하게 이용할 수 있다. 기존의 품종보다 월등하게 크거나 작은 특성을 가진 쌀을 신형질미 또는 특수미라고 한다.

아밀로오스가 없는 찹쌀은 쌀과자나 드레싱용으로 좋고, 아밀로오스 함량이 낮으면서 단백질 함량이 높은 멥쌀은 발효식빵이나 술떡에 적합하다. 쌀국수를 만들 때는 아밀로오스 함량이 높은 경질 쌀이 알맞으며, 청주 제조에는 아밀로오스 함량이 낮은 연질 쌀이 좋다. 쌀누룩용은 심복백이 많은 쌀이 효모의 균사가 고루 퍼져 질 좋은 누룩을 만들 수 있다.

향미는 혼합용 쌀이나 가공쌀밥·과자 등을 만드는 데 사용한다. 유색미는 밥·떡·과자·술의 원료가 되며, 특히 흑자색미의 안토시아닌(anthocyanin)은 식품첨가용 천연색소 및 고급물감이나 공업용 색소로 이용성이 높다. 대립미는 초다수확쌀과 함께 쌀과자·술·된장 등의 원료로 좋다.

거대배미(巨大胚米)는 배의 영양성분과 생리활성물질을 그대로 가지고 있어 영양제나 건강식품으로 가치가 있다. 저글로불린쌀은 아토피성 피부염의 원인단백질(알레루겐)이 제거되어 알레르기 환자에게 적합하다. 저글루텔린쌀은 쌀 단백질 중 글루텔린의 함량을 낮추어 단백질 함량이 6~8%에서 4% 이하로 감소하였으며, 이 쌀은 저단백식사가 필요한 신장병 환자에게 유익하다(표 1-2).

표 1-2 특수미의 이용 적성

특수미	이용 적성
저아밀로오스쌀	쌀밥, 가공쌀밥, 알파화미, 술떡, 청주 제조
고아밀로오스쌀	쌀국수, 알파화미, 쌀비스킷, 요리용 쌀(필라프)
중간찰(뽀얀 멥쌀)	도시락밥, 양조용, 식혜
향미	카레라이스, 볶음밥, 도시락밥, 쌀과자, 가공쌀밥, 혼합용 쌀
흑자색미, 적갈색미	유색밥·떡·술, 과자, 물엿, 색소원료, 건강식품, 화장품
대립미	술, 쌀과자, 된장
거대배미	배아미밥, 영양제, 건강식품
저글로불린쌀	알레르기 환자 식사용
저글루텔린쌀	신장병 환자 식사용
당질미	이유식, 쌀음료
분질미	쌀녹말, 쌀가루

특수미 중에는 녹말 형성이 저해되어 당 함량이 높은 당질미나 녹말 입자가 불완전하여 가루 형태로 된 분질미도 있으며, 이러한 특수미는 쌀 가공식품의 새로운 소재가 된다.

1980년대까지 주로 개발된 가공용 벼 품종은 찰벼였지만 1990년대 중반부터는 양조용 품종, 향미 품종, 유색미 품종 등 다양한 가공용 벼 품종이 개발되었다. 품종육성에 의한 쌀은 기능성 유전자 조작에 의해 새로운 쌀 품종을 개발하여 상품화된 것으로서 최근 개발된 품종으로는 양조벼, 설갱벼, 영안벼, 고아미 2호, 거대배미 등이 있다(그림 1-1). 최근 국민들의 건강에 대한 관심과 배려가 높아짐에 따라 건강기능성 벼 품종 개발에 매진하여 아토피성 피부염의 원인 단백질이 제거된 저알레르기쌀, 라이

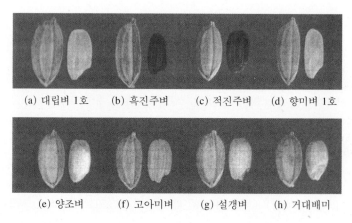

(a) 대립벼 1호   (b) 흑진주벼   (c) 적진주벼   (d) 향미벼 1호

(e) 양조벼   (f) 고아미벼   (g) 설갱벼   (h) 거대배미

(a) 대립벼 1호 : BG29(대립미)/니혼마사리, (b) 흑진주벼 : 용금 1호 (흑자색미)를 배배양, (c) 적진주벼 : 오봉벼/긴까락샤레(적갈색미), (d) 향미벼 1호 : IR841-76-1(향미)/수원 334호, (e) 양조벼 : HR7874-AC77/HR8140-AC59 F1의 꽃가루배양, (f) 고아미벼 : 김천앵미(고아밀로오스)/일품벼/밀양 95호, (g) 설갱벼 : 일품벼의 NMU 돌연변이, (h) 거대배미 : 수원 372호의 NMU 돌연변이

그림 1-1 우리나라에서 육성한 특수미 (박순직 외, 2008)

신 함량 등이 높은 특수미나 신장병 환자에게 적당한 저단백미, 카로틴 함량이나 철분 등 미량원소의 함량이 높은 쌀 등 보다 다양한 기능성 품종의 개발이 추진되고 있다.

2 기능성 쌀 품종개발 현황과 전망

1 밥쌀용 고품질 벼 품종개발

2009년 현재까지 국가 목록 품종에 등재된 벼 품종은 182개 품종이며, 삼광벼, 고품벼, 칠보벼, 호품벼, 운광벼 등은 고품질 벼 품종으로 분류하여 농가에 추천하고 있다. 쌀 소비확대 및 부가가치 증대를 위한 특수미 품종은 그동안 찰벼 위주의 단순한 품종개량에서 벗어나 색, 향, 생리활성 물질 및 미량성분 등 건강기능성을 보다 강화하는 노력을 기울이고 있다.

최고품질 밥쌀용 품종이란 쌀 외관품질, 밥맛, 완전미 도정수율, 내재해성 등 네 가지 핵심 평가요인을 두루 갖춘 품종을 말한다. 농촌진흥청 에서는 2008년 세계 최초로 필수아미노산 함량비율이 보통 쌀보다 30% 높고 쌀이 매우 투명하며 고소한 맛이 나는 하이아미와 남부지역 재배에 알맞은 중만생종 진수미 등 2품종을 개발하였다. 2012년까지 12개의 '최고품질' 품종을 추가로 개발하고, 재배면적을 30%까지 확대할 예정이다. 지금까지는 남부평야, 중북부 산간지 등 대단위 지역 중심의 적응품종을 개

표 1-3 가공 및 기능성 쌀 품종과 특징

특성		품종수	품종명	특성 및 가공 적성
찰벼		12	신선찰, 진부찰, 화선찰, 상주찰, 동진찰, 보석찰, 해평찰, 눈보라, 한강찰 1호, 백설찰, 보석흑찰, 백옥찰	- 찰성 - 전통식품, 떡 가공
중간찰벼		3	백진주(아밀로오스 9%), 백진주 1호(11%), 만미(13%)	- 중간 정도의 찰성 - 김밥, 현미밥(당뇨식)
유색	메벼	7	흑진주, 흑남, 적진주, 흑향, 흑광, 홍진주, 흑설	- 흑색 및 적색 종피 - 건강식 현미 혼반용, 천연색소 활용
	찰벼	4	조생흑찰, 신명흑찰[2], 신농흑찰[2], 신토흑미	- 흑색 종피, 조생종
향미	메벼	4	향미벼 1호[1], 향미벼 2호[1], 향남, 미향	- 구수한 향 - 혼반용, 식혜, 떡 가공
	찰벼	2	설향찰, 아랑향찰	- 구수한 향
기능성	고라이신	1	영안벼	- 라이신 고함유(생장발육촉진) - 영양식, 유아이유식
	난소화전분	2	고아미 2호, 고아미 3호	- 난소화성, 고식이섬유 - 다이어트 식품 가공
	하얀 메벼	1	설갱벼	- 찹쌀 유사 외관 - 홍국균쌀 제조 적성
	거대배	1	큰눈벼	- 쌀눈 크기 3배, GABA 고함유 - 발아현미, 혼반용
기타	고당미	1	단미벼	- 단맛이 나는 쌀, 쌀과자, 음료
	고아밀로오스	1	고아미벼	- 고아밀로오스 함량 - 분식용, 볶음밥용
	대립미	1	대립벼 1호	- 쌀 크기 1.5배 - 튀김과자, 양조용
	심백미	1	양조벼	- 심복백이 많은 쌀 - 양조용
	사료용	1	녹양벼	- 소먹이용

1) 통일형 품종, 2) 전라북도 육성품종

발 보급해 왔으나, 이제부터는 품종을 보다 세분화하여 철원평야 전용 품종, 남평들녘 전용 품종 등 들녘 중심의 맞춤형 품종을 개발하고자 한다.

그동안 우리나라에서 중간찰벼(뽀얀 멥쌀 : 설갱벼 · 백진주벼), 대립미(대립벼 1호, 천립중 34.8g), 향미(향미벼 1호 · 향미벼 2호 · 향남벼 · 아랑향찰벼 · 설향찰벼 · 흑향벼), 유색미(흑진주벼 · 흑남벼 · 적진주벼 · 흑향벼), 심백미(양조벼), 고아밀로오스쌀(고아미벼, 아밀로오스 함량 26.7%), 고라이신쌀(영안벼, 라이신 함량 4.31%) 등을 개발하여 보급하였다(표 1-3). 특수미 형질별 특징 및 용도(표 1-4)와 쌀의 성분 특성별 가공기능식품 (표 1-5) 이용 분야는 다양하다. 국내의 쌀 제품군별 시장규모는 〈표 1-6〉과 같다.

표 1-4 특수미 형질별 특징 및 용도

형 질	특 징	용 도
저아미로스	− 찰기가 강하고 식어도 굳지 않음 − 미과 제조시 팽화성이 높음	백반, 주먹밥, 배아미밥, 가공쌀밥, Soft 마과, 알파화미, 냉초밥
고아미로스	− 아밀로스 25% 이상 − 찰기가 약함, 식으면 굳어짐	조리반(볶음밥 등), 쌀가루, 쌀국수, 알파미
저글루텐	− 글루텐 함량이 보통 쌀의 60%인 저단백질 쌀	신장병 환자 밥, 주류용
저알러지	− 알레르기 물질인 글로불린 함량이 적음(16Kb 단백질)	알레르기 환자 밥
향　미	− 독특한 향을 가짐	카레, 필라프, 리소토, 미과, 가공쌀밥
색 소 미	− 적미는 탄닌계 색소 − 흑미는 안토시아닌계 색소 − 각종 비타민(B, E, P)	찹쌀과 팥으로 지은 밥, 현미죽, 흑주, 적주, 물엿, 과자류
거대배아미	− 배아는 통상의 3~5배 − 비타민 E를 다량 함유 − Y-아미노낙산(GABA) 다량 생성	배아현미, 영양제, 유지원료 혈압 조정 기능성 식품
대립미	− 천립중 35g − 다수확	주류, 미과, 볶음밥(이탈리안식), 리조토(기름볶음밥)

(송유천, 2013)

표 1-5 쌀의 성분 특성별 가공가능식품

성 분	성분 특성	가공식품
전분 (아밀로스 함량)	• 고아밀로스(24% 이상) • 멥쌀(16~23%) • 저아밀로스(1~15%) • 저아밀로스(5~10%) • 찹쌀(5.0% 이하)	• 가공식품, 볶음밥 • 취반, 전병, 과자 • 취반, 과자 • 식은밥 식미 향상 • 떡, 과자, 경단
단백질	• 고단백질(10.1% 이상) • 중단백질(5.1~10.0%) • 저단백질(5.0% 이하) – 저글루테린 – 저알로로겐	• 고영양식품, 유아식 • 일반용 • 의료식, 청주, 제과 – 신장병 환자식 – 알레르기 환자식
아미노산	• GABA	• 혈압 조정 기능성 식품
지 질	• 배아 • 당	• 배아유, 기능성 식품 (생리활성물질) • 미강유, 기능성 식품 (생리활성물질)
세포벽	• 섬유소(셀룰로오스), 펙틴	• 건강식용(성인병 예방)
철/아연	• 현미층	• 취반
비타민	• 현미층, 배아(비타민 E, B군)	• 영양식, 찐 쌀
색소	• 탄닌계 • 안토시아닌계	• 혼반용, 적주, 과자류 • 혼반용, 흑주, 과자류 * 천연색소

(송유천, 2013)

표 1-6 국내의 쌀 제품군별 시장규모

제 품 군		시장규모(억 원)		특 기 사 항
		'08(현재)	'14(향후)	
총 시장규모		18,315	39,681	우리 소비 추세 + 정부 정책 의지 = 시장 지속 성장
밥 류	총 규모	1,600	3,920	– 주원료 : 국산쌀 → 국산쌀 소비 촉진
	무균밥	1,200	1,920	– CJ, 농심 등 국내 식품 대기업 주도시장, 성장 가능성 ↑

밥류	냉동밥	400	2,000	– 현재, 천일, LG아워홈, CJ 외 대기업 참여, 성장 가능성 ↑, 급식시장 신장
떡류	총 규모	11,000	20,000	– 주원료 : 수입쌀, 혼합미 → 재래시장 중심의 유통구조
	일반 떡	8,738	17,476	– 5인 미만 사업자가 70~80%로 영세 규모, 대규모화로 프랜차이즈 업체 등장 ↑
	떡볶이떡, 떡국떡	2,262	4,524	– 소비 트랜드에 부합한 퓨전 상품, 성장 가능성 ↑
면류	총 규모	365	1,600	– 소비 트랜드에 부합한 퓨전 상품군, 성장 가능성 ↑
	생면	50	1,500	– 베트남국수 대체 및 성장 가능성 ↑, 고급화 차별 상품군, R&D 기술 보완
	건면 (라면, 국수)	115	2,600	– 밀가루 대체 시장 상품군, 성장 가능성 ↑, 쌀라면의 경우 대기업 위주
과자류		400	600	– 안전 먹거리 소비층 상품군, 성장 가능성 한계, 수익성 ↑
죽류		1,400	2,800	– 동원 F&B, CJ, 오뚜기 등 대기업 주도시장, 성장 가능성
음료류		380	456	– 식혜, 곡류음료, 누룽지 음료 등 기능성 음료시장, 성장 가능성 한계
주류		2,670	8,805	– 전통주 세율 인하 정책과 연동하여 활성화 계기, 지역단위 생산업체 다수
쌀가루		500	1,500	– 시장 포화(자체 소비량 제외), 쌀 가공 식품산업의 SOC 분야로 전환

(송유천, 2013)

2 건강기능성 및 가공용 벼 품종개발

건강기능성 쌀은 난소화성 전분 함량이 높은 다이어트용 고아미 2호, 학습 및 집중력 강화에 효과가 있는 감마 아미노산(GABA) 함량이 높은 큰눈벼, 혈행개선에 효과가 높은 홍국균쌀, 발효쌀 제조에 적합한 '설갱벼' 등을 개발하여 산업화하고 있다. 2008년도에는 유리당 함량이 보통 쌀보다 6.4배 높아 단맛이 나는 단미벼를 개발하였다. 앞으로 수년 내에 철, 아연 등 무기영양소가 강화된 쌀, 알레르기를 일으키는 글루텔린이 적은 쌀, 노화억제 및 항암효과가 있는 레스베라트롤 합성벼 등을 새로 개발하여 국민건강에 이바지할 예정이다.

가공용 쌀은 쌀국수용으로 고아미벼가 개발되어 있으며, 밥이 식은 후에도 찰기가 높아 김밥 및 현미밥에 적합한 중간찰벼 3품종, 전통주 및 양조에 적합한 양조벼와 대립벼, 식혜나 떡을 만들면 구수한 향이 나는 향미벼 6품종 등을 개발하였다(표 1-3). 앞으로 건강기능성 및 가공용 벼 품종은 그 기능과 특성을 보다 다양화하고 복합화해 나아갈 것이다. 또한 활용도와 부가가치를 높이기 위해 쌀국수, 피자, 빵, 쿠키, 식초, 탁주, 음료, 요구르트 등으로 다양하게 상품화할 수 있는 가공기술 연구와 산업화 지원이 강화되어야 할 것이다. 전북 임실군에서는 다이어트용 고아미 2호를 이용한 피자를 생산·판매하고 있으며, 발아현미는 2~5배의 고부가가치쌀로 판매되는 등 쌀 가공품 시장이 나날이 확대되고 있다.

3 미래 수요 대비 벼 품종개발

사료용 벼 품종은 옥수수 등 연간 1,000만 톤에 가까운 조사료 수입을 줄일 수 있으며, 급속히 감소해 가는 우리나라 논 재배면적을 적정히 유지할 수 있는 역할을 한다. 볏짚과 알곡을 함께 사료로 활용하는 총체 사료용으로 이미 2006년에 녹양벼를 개발하였고, 향후 보다 우량한 품종을 다양하게 개발하고자 한다. 국내의 쌀 제품군별 시장 규모는 〈표 1-6〉과 같다. 또한 요즈음 빈번히 발생하는 이상기후와 남북통일 등 장래의 식량수요에 대비하기 위한 통일형 초다수성 벼 품종개발은 ha당 10톤의 수량성을 목표로 연구개발을 추진하고 있다. 일반형 다수확 품종도 6톤 이상의 수량성으로, 보통의 벼보다 12~18% 증산되는 품종 2개(한마음, 익산 490호)가 이미 개발되었으며, 머지않아 7톤 이상을 달성할 것이다. 우리 벼 품종을 열대지역에 심으면 대부분 한 달도 못 되어 이삭이 나와 수확이 거의 불가능하지만, 필리핀에 있는 국제미작연구소(IRRI)와 15년간 공동연구를 통해 열대지역에서도 현지 우량 품종인 IR72보다 생산량이 9% 더 많고, 도열병에 강하며, 우리 쌀과 비슷한 밥맛과 품질을 가진 일반형 벼 품종 'MS11'을 개발하는 등 유사시 열대지역에서 우리 기호에 맞는 일반형 쌀을 생산해서 도입할 수 있도록 준비하고 있다.

유색미 2차 대사산물의 종류와 생합성

1차 대사산물과 2차 대사산물

식물은 식물세포의 생명 활동, 즉 대사작용(metabolism)의 결과로 대사산물(metabolite)을 생산한다. 대사산물은 크게 1차 대사산물(primary metabolite)과 2차 대사산물(secondary metabolite)로 구분할 수 있다.

1차 대사산물은 모든 세포에 공통적으로 존재하며, 세포 내에서의 역

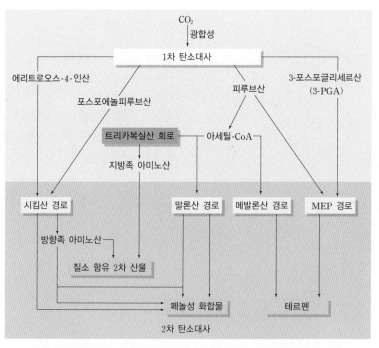

그림 2-1 2차 대사산물의 주 경로와 이들과 1차 대사의 상호 관련성 개관 (전방욱, 2005)

할이 밝혀져 있는 화합물로 단백질, 탄수화물, 지질, 핵산 및 비타민과 무기염류 등이 이에 속한다. 이에 반해 2차 대사산물은 식물에 따라서 함유 여부가 달라지며, 식물세포 내에서의 역할도 불분명하다. 식물의 2차 대사산물은 테르펜, 페놀성 화합물, 질소함유 2차 산물이라는 세 가지 화학군으로 나눌 수 있다(그림 2-1). 약재로 사용되는 천연소재의 약리활성성분의 대부분은 2차 대사산물이다. 예를 들어 인삼은 다양한 약리활성이 있는 것으로 알려져 있는데, 약리활성을 나타내는 성분은 주로 사포닌 화합물인 진세노사이드(ginsenoside)이며, 혈류 개선제로 판매되고 있는 은행잎 추출물의 2차 대사산물인 진코라이드(ginkolide) 등도 디터페노이드(diterpenoid) 화합물이 주요한 약리활성성분이다. 또한 버드나무 수피 중에는 해열·진통 효과를 갖는 2차 대사산물인 살리신(salicin)이 함유되어 있는 것이 밝혀졌고, 이로부터 잘 알려진 해열진통제인 아스피린(aspirin)이 합성되었다. 식물의 페놀성 화합물은 몇 가지 경로를 통해서 생합성된다. 대부분의 식물 페놀성 화합물은 시킴산 경로를 통하여 생합성된다(그림 2-2).

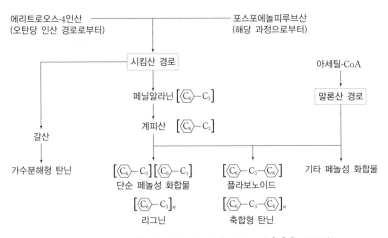

그림 2-2 식물 페놀성 화합물의 생합성 경로 (전방욱, 2005)

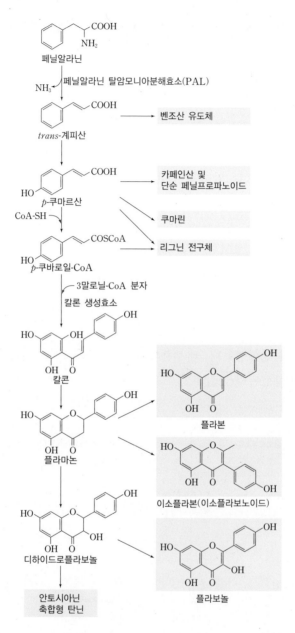

그림 2-3 페닐알라닌으로부터 페놀성 화합물의 생합성 개요 (전방욱, 2005)

시킴산 경로는 식물·균류·세균에 존재하지만 동물에는 존재하지 않는다. 동물은 페닐알라닌, 티로신, 트립토판이라는 세 가지의 방향성 아미노산을 합성할 수 없으므로 이들은 동물식단의 주요한 영양소로 포함되어야 한다.

시킴산 경로는 해당 과정과 오탄당 인산 경로에서 유도된 단순한 탄수화물 전구체를 방향성 아미노산으로 전환한다. 식물에서 가장 풍부한 종류의 2차 페놀성 화합물은 페닐알라닌에서 암모니아 분자가 제거되어 계피산을 형성하면서 유도된다(그림 2-3). 반응은 페닐알라닌 탈암모니아분해효소(phenylalanine ammonia lyase, PAL)에 의해 촉매된다.

2 유색미 안토시아닌의 종류와 특성

벼의 종피색은 주로 흰색이나 담갈색이지만 일부는 갈색이나 적색, 자색을 나타내는데, 이는 종피에 함유되어 있는 색소성분에 기인한다. 그리고 그 색소성분은 미강에만 존재한다. 현재 전 세계적으로 수집 보유하고 있는 유색미 품종은 담적색-농적색-농자갈색-흑색에 이르는 다양한 변이를 나타내는 것으로 알려져 있다. 유색미 종피가 흑색 및 흑자색을 띠는 것은 안토시아닌계 색소가 다량 포함되어 있기 때문이며, 적색 및 적갈색을 띠는 것에는 탄닌계 색소가 함유되어 있는 것으로 밝혀졌다.

플라보노이드(flavonoid)는 가장 방대한 식물 페놀성 화합물 중의 하나

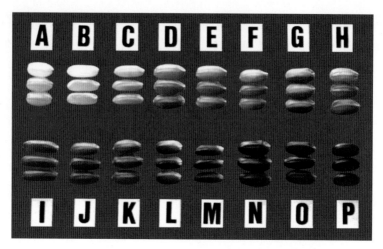

그림 2-4 유색미 유전자원의 다양한 종피색 (류수노, 2000)

이다. 플라보노이드는 안토시아닌, 플라본, 플라보놀, 이소플라본이라는 네 가지 군으로 나눌 수 있다. 색깔을 띠는 플라보노이드에서 가장 광범위한 군은 식물 부위에서 대부분의 적색·분홍·자주·청색을 나타내는 것으로 관찰되는 안토시아닌이다. 안토시아닌이 꽃과 열매를 착색시켜 수분과 종자 산포를 위해 동물을 유인하는 것은 실제적으로 중요하다. 안토시아닌과 안토시아니딘의 화학구조를 [그림 2-5]에서 보면 안토시아닌은 3번 위치와 다른 위치에 당을 갖는 배당체이다〔그림 2-5 (b)〕. 당이 없는 안토시아닌을 안토시아니딘(anthocyanidin)이라고 한다〔그림 2-5 (a)〕.

안토시아닌의 색깔은 안토시아닌의 고리 B의 수산기와 메톡실기(OCH₃), 주골격에 에스테르화된 방향족 산의 존재, 이들 화합물이 저장되는 세포 액포의 pH 등과 같은 많은 요인에 영향을 받는다. 수산기의 숫자가 증가하면 장파장이 잘 흡수되고 청색을 나타낸다. 수산기를 메톡실기로 치환하면 단파장이 약간 잘 흡수되고 더 적색을 나타낸다. 안토

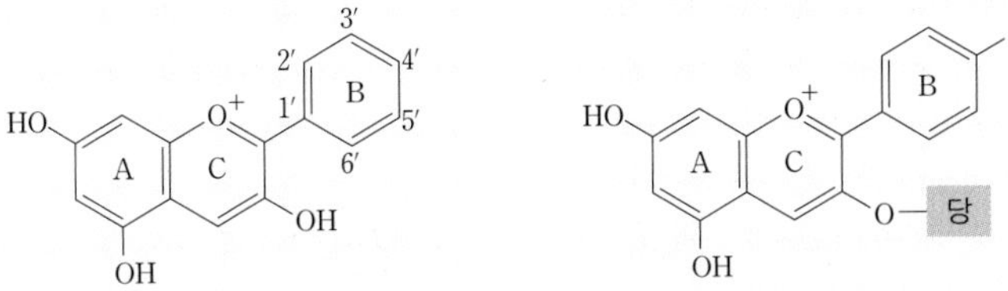

(a) 안토시아니딘   (b) 안토시아닌

그림 2-5 안토시아니딘과 안토시아닌의 구조 (전방욱, 2005)

표 2-1 안토시아니딘 색깔에 미치는 고리 치환기의 영향

안토시아니딘	치환기	색
페라고니딘	4´-OH	주황
시아니딘	3´-OH, 4´-OH	적자주
델피니딘	3´-OH, 4´-OH, 5´-OH	청자주
피오니딘	3´-OCH₃, 4´-OH	다홍
페투니딘	3´-OCH₃, 4´-OH, 5´-OCH₃	자주

(전방욱, 2005)

시아닌은 킬레이트화된 금속이온과 플라본 조색소로 이루어진 초분자 복합체로 존재한다. 가장 흔한 안토시아니딘과 이들의 색깔은 주황·적자주·청자주·다홍·자주색 등이다(표 2-1).

안토시아니딘은 수용성이며, 많은 경우 식물 자체 혹은 식물의 과일, 종자 등 해당 식물의 생산물 색깔의 결정 요인으로 작용한다. 한편 안토시아닌은 안토시아니딘의 3번, 5번 하이디록시 그룹의 하나 혹은 양쪽에 여러 가지 당(글루코오스, 갈락토오스, 크실로오스, 아라비노오스 등)이 단당이거나 소당인 채로 결합된 색소 배당체이다. 각각의 안토시아닌은 수산기의 개수와 위치, 결합한 당이나 지방족의 당질, 개수와 위치에 의해 구분된다.

안토시아니딘 중에서 시아니딘, 델피니딘, 펠라고니딘은 식물 잎의 80%, 과일의 69%, 꽃의 50%에 달할 정도로 널리 분포하고 있다. 특히 식물의 식용 부분에는 시아니딘(50%), 펠라고니딘(12%), 페오니딘(12%), 델피니딘(12%), 페튜니딘(7%), 말비딘(7%) 정도로 분포하고 있다. 안토시아닌은 1995년과 1997년 사이에 85종, 1998년과 2000년 사이에 50종이 새로 알려지는 등 활발한 연구가 진행 중인 물질이다.

식물의 종실에 함유된 안토시아닌 색소에 관한 연구는 주로 콩에서 많이 이루어졌는데, 벼에서의 주성분은 크리산테민[chrysanthemin(cyanidin 3-glucoside, C3G)]으로 알려져 있고 항산화 능력도 높은 것으로 밝혀졌다 (표 2-2).

표 2-2 안토시아닌의 활성산소 흡착능력 비교

안토시아닌	일반명	ORAC 활성
Cyanidin 3-glucoside	Kuromanin	3.491 ± 0.011
Cyanidin 3-rhamnoglucoside	Keracyanin	2.992 ± 0.093
Cyanidin		2.239 ± 0.029
Cyanidin 3-galactoside	Ideain	2.027 ± 0.025
Malvidin		2.009 ± 0.167
Delphinidin		1.809 ± 0.068
Peonidin 3-glucoside		1.805 ± 0.014
Peonidin		1.693 ± 0.035
Cyanidin 3,5-diglucoside	Cyanin	1.689 ± 0.052
Pelargonidin 3-glucoside	Callistephin	1.560 ± 0.145
α-tocopherol		1.0

(Wang et al., 1997)

식물에서 안토시아닌 합성은 페닐알라닌(phenylalanine)을 시작 물질로 하는 페닐프로파노이드(phenylpropanoid) 합성경로에서 출발하여 플라보노이드 합성경로를 통해 이루어진다. 안토시아닌 합성에 중요한 역할을 하는 유전자로는 우선 페닐프로파노이드 합성경로의 첫 번째 위치에 있는 페닐알라닌 탈암모니아분해효소(phenylalanin lyase, PAL)로, 이는 페닐알라닌에서 신나메이트(cinnamate)로 전환할 때 관여한다.

그리고 안토시아닌 합성의 전 단계인 플라보노이드 합성에 관여하는 첫 번째 유전자인 칼콘신테아제(chalcone synthase, CHS), 플라보노이드와 안토시아닌의 연결고리에 있는 플라바논 3-베타 하이드록시라제(flavanone 3-beta hydroxylase, F3H)와 디하이드로플라보놀 4-리덕타제(dihydroflavonol 4-reductase, DFR), 그리고 직접 안토시아닌 합성에 관여하는 안토시아니딘 신타제(antocyanidine synthase, ANS)가 중요한 역할을 하는 것으로 알려져 있다(그림 2-6).

안토시아닌은 식물에서 병원균 감염이나 상해 또는 자외선에 대한 방어능력을 가지며, 동물 체내에서 항산화 활성과 항염효과, 그리고 심혈관 질병의 예방 및 치료효과 등 생리활성 기능을 나타내기 때문에 안토시아닌을 함유한 농산물은 기능성 식품의 가치가 있다. 유색미는 현미, 현미가루, 색소추출물 등으로 이용되며, 최근 우리나라에서는 쌀 품질 및 용도 다양화와 관련하여 유색미의 육종과 이용에 관한 연구가 활발하다. 시아니딘 중에 특히 cyanidin 3-glucoside(C3G)의 항산화 능력이 탁

월하여 주목되는데, 농촌진흥청에서 육성한 흑진주벼는 다른 흑자색미 품종보다 C3G 함량이 상대적으로 높은 품종이다.

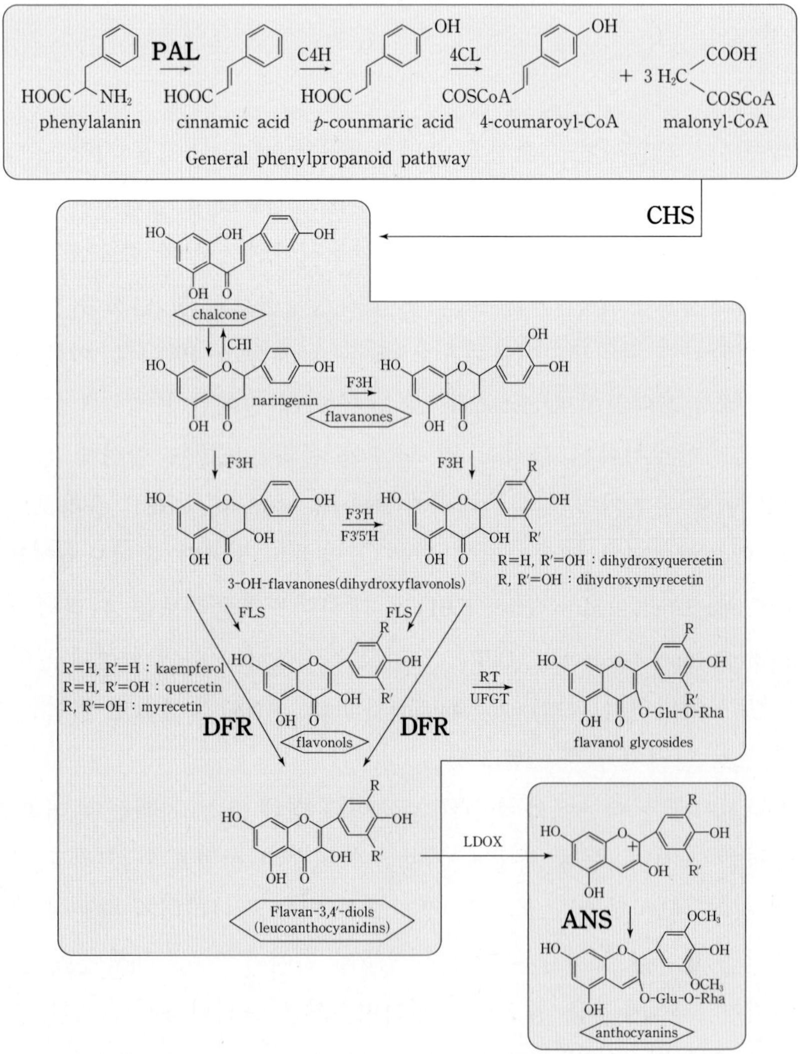

그림 2-6 플라보노이드와 안토시아닌의 생합성 과정 (Kim B. G. et al., 2007)

유색미의 볍씨와 현미 구조

볍씨는 현미를 큰 껍질(외영, lemma)과 작은 껍질(내영, palea)이 싸고 있다(그림 3-1). 큰 껍질의 끝이 길게 자라면 까락(芒, awn)이 되며, 품종의 까락 유무에 따라 유망종과 무망종으로 구분한다. 볍씨에서 제거한 큰 껍질과 작은 껍질을 왕겨(rice hull)라고 한다.

볍씨껍질 밑에는 1쌍의 받침껍질(호영, glume)이 벼알가지(소지경, pedicel)에 붙어 있다. 벼가 다 익으면 받침껍질과 벼알가지 사이에 이층이 생겨 볍씨가 떨어지게 된다. 온대 및 열대 자포니카벼는 이층 형성이 충분하지 않아 볍씨가 잘 떨어지지 않으며, 이를 탈립성(알떨림성)이 낮다고 말한다. 인디카벼는 탈립성이 높아 볍씨가 쉽게 떨어진다.

볍씨는 현미를 껍질이 싸고 있으며, 현미는 벼의 열매이다. 볍씨가 발아하여 현미의 배가 벼로 생장함으로써 새로운 볍씨가 생긴다.

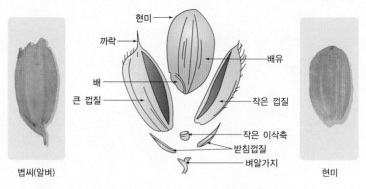

그림 3-1 볍씨의 구조 (박순직 외, 2008)

현미는 씨방(자방, ovary)이 발달한 것으로, 벼의 열매(fruit)에 해당한다. 현미는 씨껍질(종피, seed coat)과 배(씨눈, embryo) 및 배유(씨젖, endosperm)로 되어 있으며, 얇은 열매껍질(과피, pericarp)이 현미를 싸고 있다〔그림 3-2 (a), (b)〕. 식물학적인 종자는 열매껍질을 제외한 현미 부분이다. 열매껍질은 씨방껍질이, 씨껍질은 밑씨〔배주(胚珠)〕껍질이 발달한 것인데, 다 익은 현미에서는 세포조직이 붕괴되어 열매껍질과 씨껍질을 구별하기 어렵다.

배는 발아하여 벼로 생장할 어린 식물이다〔그림 3-2 (c)〕. 배의 위쪽에 어린 싹(유아, plumule), 아래쪽에 어린 뿌리(유근, radicle)가 있다. 초엽(鞘葉, coleoptile)에 싸여 어린 싹은 1엽·2엽·3엽이 분화되어 있으며, 근초(根鞘, coleorhiza)가 보호하는 어린 뿌리는 1개의 씨뿌리(종자근, seminal root)이다. 배의 유관속은 어린 싹과 어린 뿌리에 연결되어 있다. 배가 수분을 흡수하면 책상흡수세포가 커져 발아하게 된다.

배유는 대부분 녹말(전분, starch) 저장조직으로 맨 바깥층이 씨껍질과 붙어 있으며, 이를 호분층(aleurone layer)이라고 한다〔그림 3-2 (a), (b)〕. 호분층에는 단백질과립과 지방과립이 많아 단백질과 지방의 함량이 높다. 벼는 중복수정을 하므로 배와 배유가 함께 형성되며, 배유는 볍씨발아 후에 배의 영양분이 된다.

현미에서 열매껍질·씨껍질·호분층·배를 제거한 것이 흰쌀(백미)이며, 제거된 부분을 쌀겨(rice bran)라고 한다.

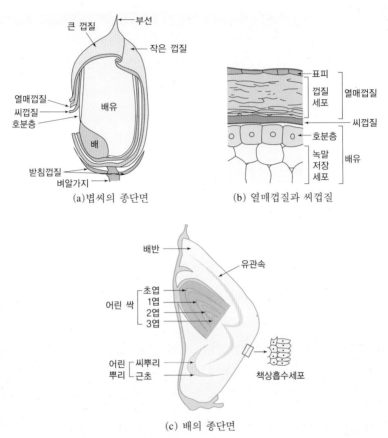

(a)볍씨의 종단면

(b) 열매껍질과 씨껍질

(c) 배의 종단면

그림 3-2 현미의 구조 (박순직 외, 2008)

(1) 볍씨의 종단면

큰 껍질의 안쪽 가장자리가 작은 껍질의 가장자리를 견고하게 감싸서 현미를 보호한다. 껍질의 바깥쪽은 규질화된 두터운 표피세포로 되어 있고 털이 나 있으며, 가장 안쪽의 껍질에는 기공이 있다.

(2) 열매껍질(과피)과 씨껍질(종피)

종자 형성 과정에서 씨방껍질이 열매껍질로 되고 밑씨껍질이 씨껍질로 되는데, 발육이 끝난 현미에서는 열매껍질과 씨껍질이 붙어 있어 구별하기 어렵다.

(3) 배의 종단면

배의 유관속(관다발조직)은 어린 싹의 생장점을 통과하여 뿌리와 배반(배에서 어린 싹과 어린 뿌리 이외의 부분을 가리킴)으로 연결된다. 배반에는 발아 시에 필요한 여러 가지 효소가 들어 있다. 책상흡수세포는 배와 배유가 접한 곳에 있어 발아 시에 배의 활동을 촉진시킨다.

3 유색미의 C3G 과피 착색

벼에서 안토시아닌 색소의 착색은 종자를 비롯한 여러 조직에서 나타난다. 종자는 색소가 주로 과피 부분에 집적되어 있어 현미의 색은 착색된 색소의 종류에 따라 매우 다양하다. 본 실험에 공시한 흑진주벼는 흑자색의 과피로 주색소는 C3G(cyanidin 3-glucoside)이고 부색소는 P3G(peonidin 3-glucoside)이다. 흑진주벼는 유색미 품종 가운데 C3G 함량이 가장 높은 품종으로 색소가 착색된 과피 부분이 흑남벼에 비해 상당히 두껍다(그림 3-3).

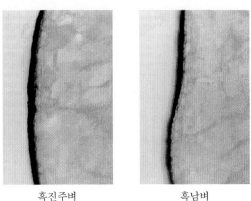

| 흑진주벼 | 흑남벼 |

그림 3-3 유색미 품종의 종피 특성(200배 확대)

종실 100g에 함유한 C3G 색소 함량이 다른 수원 425호(C3G 함량 150mg), 흑진주벼(C3G 함량 250mg), 흑자색대립벼(C3G 함량 800mg), C3GHi 벼(C3G 함량 1800mg)를 공시하여 호분층을 전자현미경으로 촬영하였다.

호분층 두께를 관찰하기 위해 시료를 Personna 커터로 자르고 마운트에 부착시킨 후 금으로 코팅하여 10kV에서 주사 전자 현미경(LEO 440)으로 2,000배 확대하여 관찰하고 사진을 촬영하였다.

호분층 두께는 Kan Scope 3.0 image acquisition & computer processor를 갖춘 Camscope video macroscope IT system(Sometech, Korea)을 이용하여 측정하였다. 측정 결과 C3G 색소 고함유 품종 및 계통은 유색미 겨층의 좌측부(배)보다 우측의 종피와 호분층의 두께가 두꺼웠다(그림 3-4~7, 표 3-1).

수원 425호 / 흑진주벼

흑자색대립벼 / C3GHi 벼

그림 3-4 유색미 종실 전체 모습 (류수노, 2011)

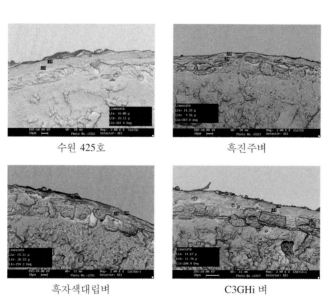

수원 425호 / 흑진주벼

흑자색대립벼 / C3GHi 벼

그림 3-5 유색미 종실의 상부 두께(좌측 배) (류수노, 2011)

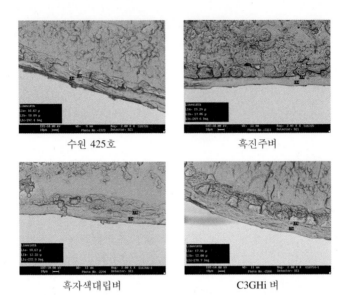

수원 425호   흑진주벼

흑자색대립벼   C3GHi 벼

그림 3-6 유색미 종실의 하부 두께(좌측 배) (류수노, 2011)

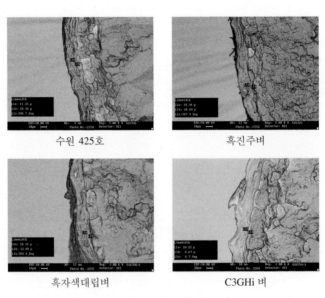

수원 425호   흑진주벼

흑자색대립벼   C3GHi 벼

그림 3-7 유색미 종실의 좌측부(배) 두께 (류수노, 2011)

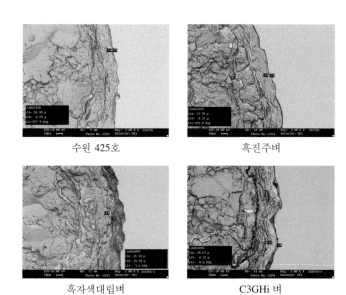

수원 425호   흑진주벼

흑자색대립벼   C3GHi 벼

그림 3-8 유색미 종실의 우측부 두께 (류수노, 2011)

표 3-1 유색미 종피와 호분층 두께 비교

품종명	C3G 함량 (mg/100종자)	종피＋호분층 두께(㎛)			
		상	하(복)	좌(배)	우
수원 425호	150	16.00	16.67	11.33	16.45
흑진주벼	250	14.22	15.29	19.34	17.78
흑자색대립벼	800	15.11	18.67	18.22	21.34
C3GHi 벼	1,000	14.67	17.56	18.22	28.67

(류수노, 2011)

흑진주벼를 공시하여 실시한 제분분획별 C3G 함량을 보면 쌀겨층 중 3%를 도정했을 때 C3G 함량은 15,551mg(100g 미강) 수준이고, 14%를 도정했을 때 12,930mg(100g 미강) 수준으로 도정률이 증가할수록 추출 색소의 농도가 감소하는 경향이 있는데, 27% 도정했을 경우 2,578mg

표 3-2 흑진주벼 도정률에 따른 C3G 함량변화

도정률	C3G 함량(mg/100g 미강)	C3G 함량 비율(%)
현미	552	0.6
3	15,551	15.6
7	15,480	15.5
9	15,230	15.2
11	14,250	14.3
12	14,100	14.1
13	13,950	13.8
14	12,930	13.0
15	7,632	7.6
19	6,542	6.5
23	4,370	4.3
27	2,578	2.6

(Ryu, S. N. et al., 2002)

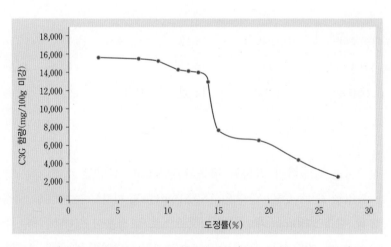

그림 3-9 도정률에 따른 C3G 함량의 변이 (Ryu, S. N. et al., 2002)

(100g 미강) 수준으로 급격히 감소하였다(표 3-2, 그림 3-9). 이는 도정률이 증가함에 따라 색소 이외의 성분들이 상당량 혼입되기 때문으로, 천연색소의 추출효율을 높이기 위해서는 도정률을 14% 이하로 하는 것이 바람직하다고 할 수 있다. 그러나 흑진주벼 과피에 착색된 색소는 15% 정도의 도정으로는 완전히 제거되지 않아 고품질의 백미를 얻기는 어렵다. 이는 종자 과피의 두께가 고르지 못한 데 기인하는 것으로 보인다.

흑자색 유색미에 집적되는 안토시아닌 색소 함량의 생산기술 연구를 위해서 먼저 안토시아닌 색소가 형성되는 시기를 확인할 필요가 있었다. 본 실험은 흑진주벼를 공시하여 안토시아닌이 형성되는 시기와 양을 확인하고자 수행하였다.

[그림 3-10]에서 보는 바와 같이 흑진주벼 종자에 집적되는 C3G는 출수 후 약 20일경까지 급격히 증가한 후 감소하기 시작하여 출수 후 35일 이후에는 양의 변화를 보이지 않았다.

식물에서 안토시아닌 색소의 생합성 과정은 비교적 자세하게 알려져 있다. 안토시아닌 색소는 페닐알라닌(phenylalanine)으로부터 합성되며,

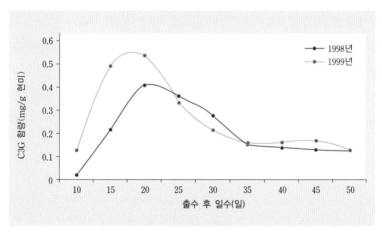

그림 3-10 흑진주벼의 출수 후 C3G 함량 변화 (Ryu, S. N. et al., 2002)

수정 후 10일경　　　　　　　　　　　수정 후 12일경　수정 후 20일경

그림 3-11 유색미 종피 색소집적 과정 (류수노, 2011)

합성 과정 중 효소들의 차이에 따라 여러 계열의 안토시아닌 색소가 형성된다.

　[그림 3-11]은 흑자색미 종피의 색소집적 과정을 살펴본 것이다. 수정 후 10일부터 급격히 증가하여 수정 후 20일경에 최대 함량에 도달하며, 그 이후는 상대적으로 전분의 축적이 많아지므로 색소 함량은 오히려 적게 평가되는 것으로 나타났다.

유색미 안토시아닌 정량분석

유색미에 함유되어 있는 안토시아닌 색소의 함량을 측정하기 위하여
HPLC(High Perfomance Liqiud Chromatograph)를 사용하였다(그림 4-1).
HPLC 기기는 Waters 501 pump, Waters 480 UV-Vis detector(530nm),
Millipore gradient controller, Waters autosampler로 구성되고, 칼럼은
ODS-5(4.6mm×250mm, Nomura Chemical Co., Japan)를 사용하였으며, 이
동상으로 0.1% TFA가 함유된 water와 acetonitrile을 gradient로 1ml/min
의 유속으로 분석하였다. 안토시아닌 종류별 화학구조와 크로마토그
램·검량선을 작성하였다(그림 4-2~11).

그림 4-1 HPLC 기기(Waters 501 pump, Waters 480 UV-Vis detector,
Millipore gradient controller, Waters autosampler)

(1) Cyanin(Cyanidin 3,5-O-diglucoside)

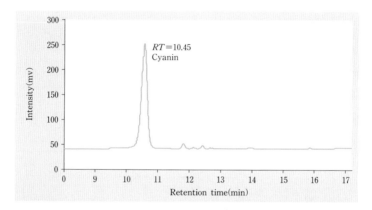

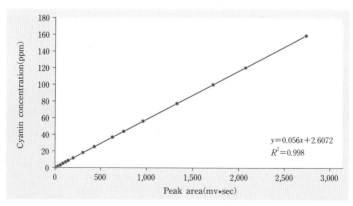

그림 4-2 Structure of cyanin, HPLC chromatogram, and calibration curve

(2) Cyanidin 3-O-glucoside

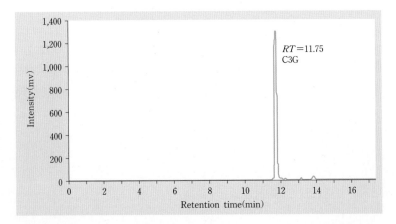

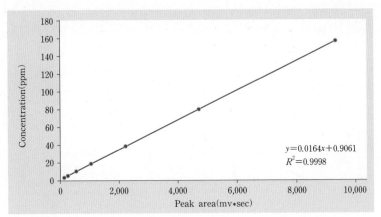

그림 4-3 Structure of cyanidin 3-O-glucoside, HPLC chromatogram, and calibration curve

(3) Ideain(Cyanidin 3-O-galactoside)

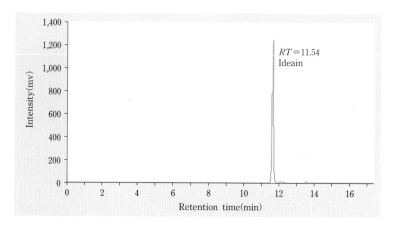

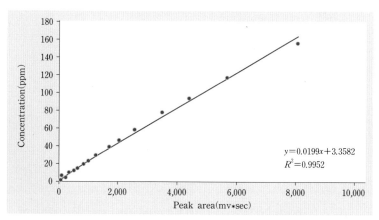

그림 4-4 Structure of ideanin, HPLC chromatogram, and calibration curve

(4) Keracyanin(Cyanidin 3-O-rhamnoglucoside)

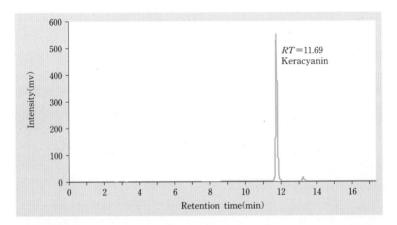

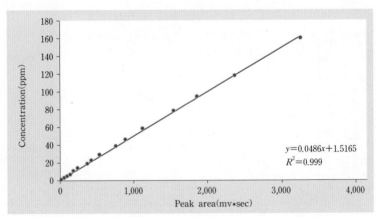

그림 4-5 Structure of keracyanin, HPLC chromatogram, and calibration curve

(5) Oenin

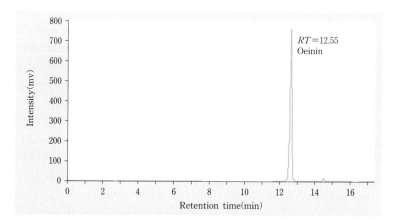

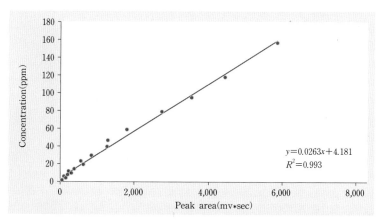

그림 4-6　Structure of oenin, HPLC chromatogram, and calibration curve

(6) Fisetinidin

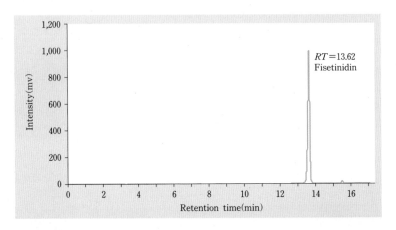

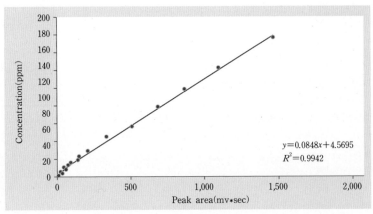

그림 4-7 HPLC chromatogram of fisetinidin, and calibration curve

(7) Luteolinidin

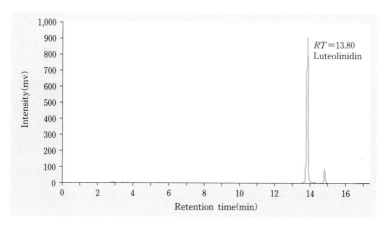

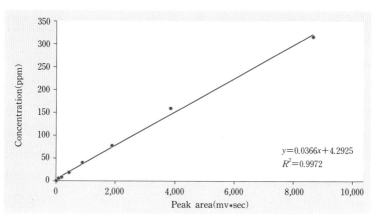

그림 4-8 Structure of luteolinidin, HPLC chromatogram, and calibration curve

(8) Cyanidin

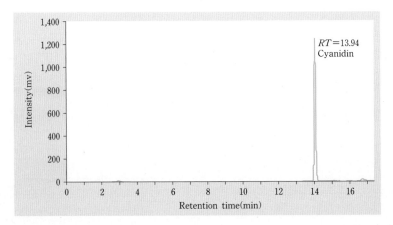

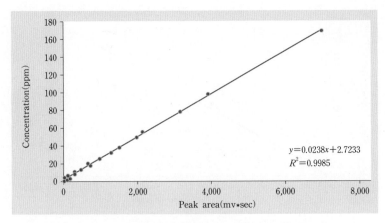

그림 4-9 Structure of cyanidin, HPLC chromatogram, and calibration curve

(9) Diosmetin

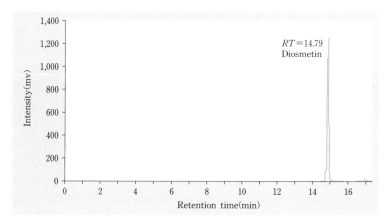

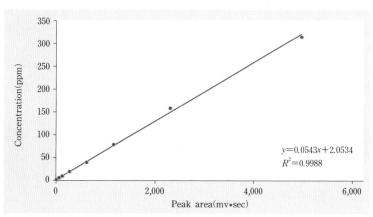

그림 4-10 Structure of diosmetin, HPLC chromatogram, and calibration curve

(10) Peonidin 3-O-glucoside

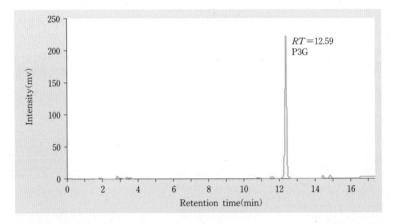

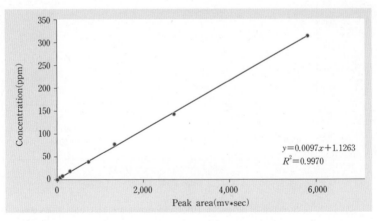

그림 4-11 Structure of peonidin 3-O-glucoside, HPLC chromatogram, and calibration curve

(11) Callistephin(Pelargonidin 3-O-glucoside)

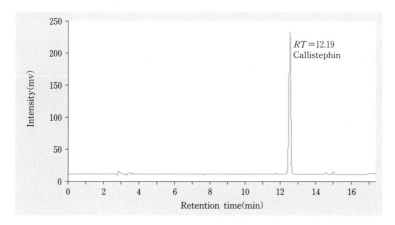

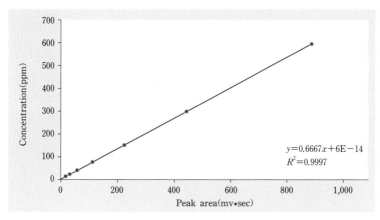

그림 4-12　Structure of callistephin, HPLC chromatogram, and calibration curve

(12) Pelagonin

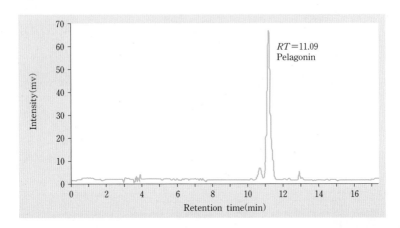

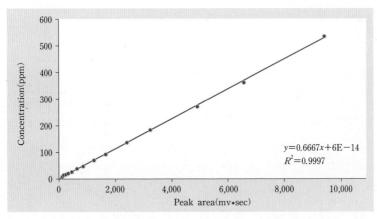

그림 4-13 HPLC chromatogram of Pelagonin, and calibration curve

(13) Malvidin 3-O-glucoside

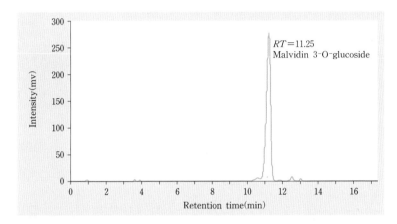

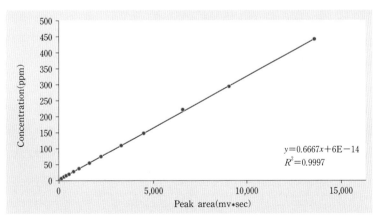

그림 4-14 Structure of malvidin 3-O-glucoside, HPLC chromatogram, and calibration curve

(14) Delphinidin 3-O-glucoside

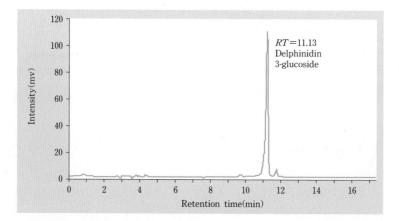

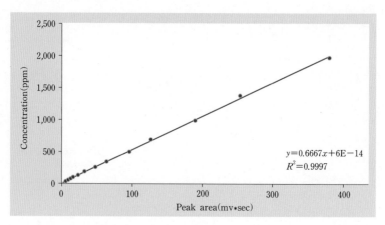

그림 4-15 Structure of delphinidin 3-O-glucoside, HPLC chromatogram, and calibration curve

2

UV-Vis Spectrophotometer에 의한 안토시아닌 정량분석

HPLC 기기 분석의 특성상 조사할 시료의 수가 증가하면 할수록 그 비용과 시간도 무시할 수 없을 만큼 증가하는 어려움이 있다. UV-Vis Spectrophotometer를 이용하여 흑자색 유색미의 C3G 함량을 비교적 간편하게 조사할 수 있는 방법을 제시하였는데, HPLC를 이용한 방법에 비하면 10~30% 정도 함량이 높게 측정된다. 그러나 계통 선발등과 같은 상대적인 양을 평가하는 것이라면 비용과 시간을 절약하기 위해 UV-Vis Spectrophotometer를 이용하여도 무방하리라 판단된다. 따라서 흑자색 유색미에 함유된 C3G 함량을 조사하는 방법으로 UV-Vis Spectrophotometer법과 HPLC법을 비교한다. (Ryu, S. N. et al., 2003)

1 추 출

(1) 장치, 기구 및 시약분쇄기
교반기, 회전농축기, 50ml 삼각플라스크, 50ml 매스플라스크, 여과지 (Whatman #2), 추출용매-0.1% TFA-95% ethanol

(2) 조 작
잘 건조된 시료는 수집 후 가능한 한 냉장 보관한다. 종자는 정조 상태로 보관하고 분석 시 필요한 양만큼 현미로 만들고, 바로 분쇄하여 추출한다. 분쇄된 시료 2g을 50ml 삼각플라스크에 넣고 추출용매 20ml를 가해 상온에서 교반기를 이용해 추출한다. 추출이 끝난 플라스크의 추출액은 다른 용기에 조심스럽게 덜어 낸 후 다시 추출용매 20ml를 가해 추가로 추출한다. 보통 3회 정도의 추출로 충분하나 함량이 매우 높은 품종은 추가로 추출해야 하는 경우도 있다. 추출액은 여과지(#2)를 이용해 여과시킨다. 여과지에 의한 손실을 최소화하기 위해 감압여과를 한다. 회전농축기를 이용하여 여과액을 50ml 정도까지 농축한 후 정확히 50ml가 되게 정용한다. 이때 온도는 상온을 넘지 않도록 주의한다. 추출액은 바로 분석하고, 부득이한 경우 빛이 들어가지 않도록 냉장 보관하며 1일을 넘지 않도록 한다.

2 표준검량선 작성

표준품 안토시아닌을 정확히 100ppm(1mg/10ml 0.1% TFA-95% ethanol)이 되도록 평량하여 용해시킨다. 표준품을 75ppm, 50ppm, 25ppm, 10ppm, 5ppm 등으로 희석하여 검량선 작성을 위한 표준용액을 준비한다. 준비한 서로 다른 농도의 표준용액을 UV-Vis Spectrophotometer 530nm에서 흡광도를 조사하고 HPLC로 분석하여 표준검량선을 작성한다. 위에서 얻은 데이터를 이용해 2개의 회귀식을 구한다.

3 C3G 함량조사

(1) UV-Vis Spectrophotometer
준비한 추출액을 Whatman 0.45㎛ PVDF syringe filter를 이용하여 여과한 후 530nm에서 UV-Vis Spectrophotometer로 흡광도를 조사한다. 조사한 흡광도를 UV-Vis Spectrophotometer용 회귀식을 이용해 농도(ppm)를 구한다. 구한 농도에 희석배수 50을 곱하면 시료(종자 2g)에 함유된

C3G 함량을 얻을 수 있다.

(2) HPLC

HPLC에 자동 시료주입장치가 있을 경우에는 (1)에서 준비되는 각각의 추출액을 바이엘에 담아 분석하고, 자동 시료주입장치가 없을 경우에는 각각의 샘플을 일일이 주사하여 분석한다(표 4-1).

- 용매이송장치 : Waters 515 pump
- 자동시료주입기 : 717 plus autosampler
- 검출기 : 2996-PDA Detector
- 칼럼 : Develosil ODS-5
  (4.6mm×250mm, Nomura Chemical, Japan)
- 용매조건

표 4-1 HPLC를 이용한 C3G 분석조건

A : 0.1% TFA-Water   B : 0.1% TFA-ACN

시간(분)	유속	A	B	기울기
초기	1	100	0	
12	1	60	40	6
14.5	1	0	100	6

UV-Vis Spectrophotometer로 구한 흡광도 및 HPLC 크로마토그램 상에 나타난 피크의 면적이 검량선 작성에 이용된 표준품의 농도 범위를 벗어나면 샘플을 추가로 희석하여 적정 범위 내에서 분석이 이루어지도록 조절한 후 다시 분석한다. UV-Vis Spectrophotometer 및 HPLC를 이용하여 얻은 샘플의 C3G 함량분석을 위한 표준검량식을 이용하여 구한다(그림 4-16~17).

유색미에는 여러 종류의 안토시아닌 색소가 함유되어 있고, 이들 색소는 모두 530nm의 영역에서 흡광한다. 따라서 UV-Vis Spectrophotometer를 통해 얻은 값은 C3G뿐만 아니라 P3G 및 기타 극소량의 안토시아닌 색소들이 모두 포함된 것으로 C3G 단일 값이라고 판단할 수는 없다. 하

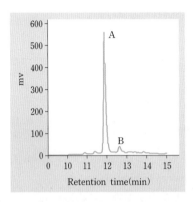
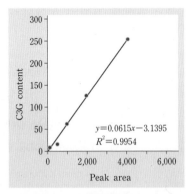

A : Cyanidin 3-glucoside(RT=11.83), B : Peonidin 3-glucoside(RT=12.60)

(a) 흑진주벼   (b) 표준검량선 작성

그림 4-16 HPLC 크로마토그램 (Ryu, S. N. et al., 2003; Park, S. Z. et al., 1998)

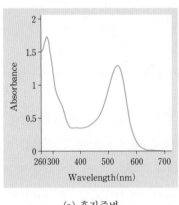
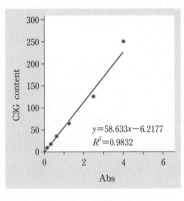

(a) 흑진주벼   (b) 표준검량성(530nm)

그림 4-17 UV-Vis 스펙트럼 (Ryu, S. N. et al., 2003)

표 4-2 분석기기 UV와 HPLC에 의한 유색미 C3G 함량 차이

| 품종명 | 안토시아닌 함량 (mg/100g 유색미) | | | Ⅰ-Ⅱ |
| | UV-Vis(Ⅰ) | HPLC(Ⅱ) | | |
		C3G	P3G	
흑진주벼	592.0	417.2	5.9	169.1
길림흑미	591.4	407.4	9.8	177.2
수원 425호	192.3	153.2	4.4	34.7
흑남벼	193.6	147.7	3.7	42.2
상해향혈나	57.1	41.1	2.91	13.1

(Ryu, S. N. et al., 2003)

지만 HPLC를 이용하여 분석할 때는 다소 번거롭고 비용이 많이 들기 때문에, 선발등과 같은 상대적 크기를 비교하는 데 대안으로 쉽고 빠르게 분석할 수 있다는 것이 UV 분석의 장점이라고 볼 수 있다. UV와 HPLC를 이용하여 C3G 함량을 분석한 결과 UV에 의한 방법이 함량이 높게 나타났다(표 4-2).

3 FT-NIR를 이용한 안토시아닌 정량분석

현재까지 유색미에서 C3G 함량분석은 주로 HPLC를 이용하였다. HPLC 분석법은 유색미에서 C3G를 용매로 여러 단계를 거쳐 추출하여

분석하는 방법으로, 분석 결과는 정확하나 분석하기 위한 복잡한 전처리를 거쳐야 하므로 많은 양의 시료를 빠르게 분석하는 데는 적합하지 않다. NIR 분광분석법은 물질이 각기 특정한 파장의 빛만 흡수하는 성질을 이용하여 분석하는 방법이다. 시료를 전처리 없이 빠르게 분석할 수 있으므로 많은 시료를 짧은 시간 내에 분석할 수 있어 쌀, 콩 등 식품을 비롯한 다양한 분야에 쓰이고 있다(Velasco et al., 1996).

본 연구에서는 많은 양의 시료를 빠르게 분석할 수 있는 NIR 분광분석법을 유색미의 C3G 함량분석에 이용하기 위하여 FT-NIR를 이용한 유색미의 C3G 분석의 예측값과 HPLC 측정값의 정확도를 비교하고, 유색미의 C3G 함량 예측 모델을 개발하였다.

1 분석재료

본 연구에 사용된 유색미는 국내 육성된 유색미 중 C3G 함량이 가장 높은 흑진주벼와 수원 425호를 교배하여 얻은 CG2 집단의 F_{10} 385계통이다.

2 FT-NIR를 이용한 C3G 함량분석

쌀의 NIR 스펙트럼을 측정하기 위하여 FT-NIR 분광분석기(FT-NIR N-200, Buchi, Switzerland)를 이용하였다. 1,000~2,500nm의 파장 영역에서 2nm 간격으로 스펙트럼을 측정하였으며, FT-NIR의 운영 프로그램인 NIR LabWare(FT-NIR N-200, Buchi, Switzerland)를 이용하였다. 유색현미 종자를 3cm petridish에 2cm 높이로 하여 시료에 광선을 각각 3회 주사하였고, 측정된 간섭파장을 FT(Fourier Transform) 변환을 통하여 스펙트럼으로 저장하였다.

유색미 중의 C3G 함량 예측 모델을 개발하기 위하여 전체 스펙트럼의 65%를 교정부로, 35%를 검증부로 사용하였다. 교정부와 검증부의 스펙트럼은 중복하여 사용하지 않았으며, 검증부의 스펙트럼은 교정부 영역의 95% 이상을 포괄하도록 분포시켰다. C3G 함량 예측 모델은 부분최소자승법(Partial Least Squares, PLS)을 이용하여 개발하였다. 다중회귀모델을 개발하기 위하여 수처리 프로그램은 NIRCal 4.21(FT-NIR N-200, Buchi, Switzerland)을 사용하였다. 개발된 모델의 평가는 교정부 오차(Standard Error of Estimation, SEE), 검증부 오차(Standard Error of Prediction, SEP), SEE와 SEP의 상관식인 Consistency, 회귀계수(Regression Coefficient), 검증부의 편차(Validation-Bias)를 이용하였다. 또한 NIRCal 4.21의 기능인 Q-value(Quality Value)를 이용하여 가장 우수한 모델을 선정하였다.

FT-NIR를 이용하여 유색미를 측정한 스펙트럼은 [그림 4-18]과 같다. FT-NIR를 이용한 스펙트럼 분석은 근적외선 파장의 빛이 시료에 닿아 산란, 반사한 광선을 디텍터(detector)가 감지하여 흡수한 양을 측정한다. NIR 스펙트럼을 이용하여 유색미의 C3G 함량을 예측하기 위하여 측정한 결과값을 HPLC 분석 결과값과 최소자승법을 이용하여 모델을 개발하였다.

총 385개의 시료 중 276개의 스펙트럼을 이용하여 유색미의 C3G 함량 예측 모델을 개발하였으며, 109개의 스펙트럼을 이용하여 모델의 적합성을 검증하였다. 모델의 개발 결과, 1,000~2,500nm의 파장 영역에서 스펙트럼 전처리인 다분산 보정과 Smoothing으로 처리한 모델이 가장 우수한 예측 성능을 보였다.

모델에서 교정부의 회귀식은 $y=0.9427x+34.0430$이었으며, R^2은

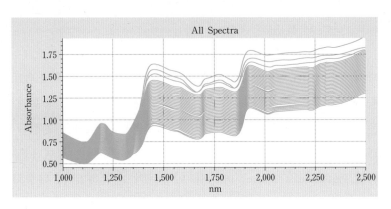

그림 4-18 흑진주벼와 수원 425호 교배조합 10계통의 FT-NIR 스펙트럼
(Ryu, S. N. et al., 2003; 2005)

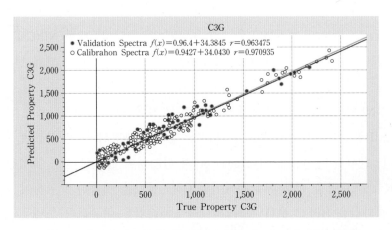

그림 4-19 유색미 C3G 함량 예측 검량선 (Ryu, S. N. et al., 2003; 2005)

0.943, SEE는 0.116으로, 검증부의 R^2은 0.928, SEP는 0.122로 나타나
HPLC 측정값과 FT-NIR 측정값 사이에는 매우 높은 정의 상관을 보이며
실험오차도 매우 적음을 알 수 있었다. 예측 모델의 교정부 오차와 검정
부 편차의 상관식은 C3G2 385계통을 분석한 결과 HPLC 분석치와 FT-
NIR 분석치 간에 큰 차이가 없었다. 교정부 오차와 검정부 오차의 상관

표 4-3 유색미 C3G 함량 예측 모델

검량선 회귀계수	검증부의 편차	교정부 2차	검증부 2차	교정부 오차와 검정부 오차의 상관식
0.943	0.928	0.116	0.122	94.686

(Ryu, S. N. et al., 2003)

표 4-4 유색미 C3G 함량의 HPLC와 FT-NIR 분석치 결과 비교

(단위 : mg/100g 종자)

표본	HPLC			FT-NIR		
	최소	최대	평균	최소	최대	평균
CG2-1	330	380	349	333	375	353
CG2-36	530	560	543	529	538	550
CG2-38	938	1,010	949	965	985	973

※ 385계통 중 최대·중간·최소 3계통   (Ryu, S. N. et al., 2003)

식 변이는 94.686으로 나타나 교정부와 검증부의 변이가 유사함을 보였다(표 4-3).

유색미의 C3G 함량을 분석하는데, FT-NIR를 이용한 C3G 함량분석의 예측값과 HPLC 측정값의 정확도를 비교한 결과 FT-NIR를 이용한 C3G 함량분석에 사용된 시료는 별도의 전처리 과정 없이 현미 상태 그대로 측정하므로 HPLC 분석에 비해 많은 시간과 비용을 아낄 수 있다. CG2 F_{10} 385계통을 사용하여 추정한 FT-NIR 검량식은 매우 높은 정상관을 보였다. SEP 값도 낮은 값을 보여 실험오차가 적어 측정 정확도가 높게 평가되었다(표 4-4). 따라서 FT-NIR를 이용하여 비파괴적으로 유색미의 C3G 함량을 측정할 수 있게 되었다.

제5장

유색미 유전자원의 안토시아닌 유전분석

국내에서 육성되어 국가 목록 품종에 등재된 74품종 벼에 대한 안토시아닌 함량을 조사한 결과 보통백미에는 안토시아닌이 전혀 함유되어 있지 않았다. 또한 국내에서 수집된 402종의 갈색 야생벼에도 안토시아닌 색소는 검출되지 않았다(Ryu, S. N. et al., 1998; 2003; 2005).

농촌진흥청 종자 은행에 보관하고 있는 전 세계 수집 유색미에서 안토시아닌 색소가 함유되어 있는 126품종의 색소 함량을 조사한 결과(표 5-1), 111품종에서 C3G(cyanidin 3-glucoside) 함량이 현미 100g당 10mg 이하인 것으로 조사되었다. 그리고 현미 100g당 100mg 이상인 것은 5종으로, 그중 Cheng-Chang의 C3G 함량이 현미 100g당 321.4mg으로 가장 높았으며, PI 160979-2, Hong-Shei-Lo가 각각 223.5mg(100g 현미), 220.5mg(100g 현미) 수준을 나타내었다.

최근에는 국내에서도 유색미의 기능성이 높이 평가되어 새롭게 육성 보급되는 품종들이 있는데, 그중 흑진주벼는 조사된 유색미 가운데 C3G 함량이 가장 높아 현미 100g당 375.1mg 정도 함유되어 있는 것으로 조사되었다(표 5-2). 흑진주벼는 용정 4호와 세금벼를 모본으로 하는 용금 1호를 배배양하여 육성한 것으로 용정 4호 C3G 함량인 276.8mg(100g 현미)보다도 훨씬 높은 함량을 보였다. 상해향혈나와 천마벼 간의 교배조합으로부터 육성된 수원 425호의 C3G 함량도 모본인 상해향혈나의 115.7mg(100g 현미)보다 높은 191.5mg(100g 현미) 수준인 것으로 조사되었다.

표 5-1 수집 유색미의 C3G 함량분포

안토시아닌 함량(mg/100g 종자)		품종수
C3G	10 이하	111
	10 ~ 50	7
	50 ~ 100	3
	100 ~ 200	2
	200 이상	3
P3G	5 이하	119
	5 ~ 20	2
	20 이상	5

(Park, S. Z., 1998)

표 5-2 유색미 품종의 C3G와 P3G 함량(2007년 분석 결과)

품종명	종피색	안토시아닌(mg/100g 종자)			기원
		C3G	P3G	합계	
흑진주벼	검정색	375.6	23.2	398.8	한국
Cheng-Chang	검정색	321.4	42.7	364.1	중국
길림흑미	검정색	278.3	8.6	286.9	중국
용정 4호	검정색	276.8	10.5	287.3	중국
PI 160979-2	검정색	223.5	31.4	254.9	중국
Hong-Shei-Lo	검정색	220.5	31.9	252.4	중국
수원 425호	검정색	150.3	5.6	155.9	한국
PI 160979-1	검정색	185.9	26.7	212.6	중국
Mitak	검정색	185.6	trace	185.6	인도
익산 440호	검정색	138.0	3.7	141.7	한국
상해항혈나	검정색	115.7	3.5	119.2	중국
밀양 175호	검정색	87.1	trace	87.1	한국
흑남벼	검정색	40.4	trace	40.4	한국
홍미	홍색	0	0	0	한국
자광벼	홍색	0	0	0	한국
화성벼	백색	0	0	0	한국

(Park, S. Z., 1998)

한편 익산 440호, 밀양 175호, 흑남벼 등은 C3G 함량이 현미 100g당 각각 138.0mg, 87.1mg, 84.2mg 수준인 것으로 조사되었다. 유색미품종의 추출물의 색깔과 C3G 함량을 〈표 5-3〉에서 보면 C3G 함량 차이에 따라 색깔의 구별이 용이하지 않음을 알 수 있다. 또한 반복 간에 표준 편차가 큰 품종(조생흑찰벼, 흑설벼, 보석흑찰벼)과 작은 품종(흑향벼, 신농 흑찰벼, 흑남벼)으로 구분되었다.

표 5-3 유색미 추출물의 색깔과 C3G 함량변이(2009년 분석 결과)

추출액	품종명	재배지역		평균	표준편차
		수원	천안		
	흑진주벼	334.6	350.5	340.3	25.4
	조생흑찰벼	181.6	108.7	145.1	51.5
	흑광벼	75.0	62.5	68.7	8.8
	보석흑찰벼	158.8	102.4	130.6	39.9
	흑설벼	330.5	274.9	302.4	33.4
	흑남벼	40.1	32.7	36.4	5.3
	신농흑찰벼	195.7	191.1	193.4	3.2
	신명흑찰벼	78.5	59.6	69.0	13.3
	흑향벼	63.6	65.1	64.3	1.5
	수원 425호	56.6	75.2	65.9	13.1
	길림흑미	280.0	285.4	280.5	5.3
	상해향혈나	118.2	130.2	124.2	8.5

(Ryu, S. N. et al., 2000)

C3G 색소의 유전변이

대부분의 흑자색미 품종의 C3G 함량은 현미 100g당 50mg 미만이고, 200mg 이상은 6품종에 지나지 않았다. P3G는 대부분의 품종에서 현미 100g당 5mg 미만이었으며 20mg 이상인 것은 5품종이었다. 이들 가운데 C3G 함량이 가장 높은 품종은 흑진주벼로 현미 100g당 340∼375mg 수준이었다.

그런데 흑진주벼〔350mg 수준(100g 현미)〕와 수원 425호〔150mg 수준 (100g 현미)〕의 교배조합에서 C3G 색소 함량이 흑진주벼보다 4배 높은 계통〔F_9, 1,678mg(100g 현미)〕을 육성하였으며(그림 5-1), 고C3G 함유 계통은 중간모본(C3GHi 벼)으로 이용될 수 있다.

Generation	F_1	F_2	F_3	F_4	F_5	F_6	F_7	F_8	F_9
Pedigree	CG2*	1 / 2 / ƒU / ƒU / ƒU / ƒU / ƒU / 237	1 / ƒU / ƒU / 70 / ƒU / ƒU / ƒU / 360	1 / ƒU / ƒU / 9	1 / ƒU / ƒU / 4	1 / ƒU / 3 / ƒU / ƒU / 6	1 / 2 / 3	1 / ƒU / 4	1 / 2 / ƒU / 4
C3G contents (mg/100g)		355	620	1,133	1,394	1,148	1,954	2,194	1,678
Year		1997	1998	1999	2000	2001	2002	2003	2004

* CG2=Heugjinju/S425

그림 5-1 C3G 고함유 선발 계통의 육성 계통도 (Park, S. Z. et al., 2000)

유색미의 과피색은 몇 개의 색원소 및 착색분포유전자나 활성증진 조효소유전자 등 상호 보족적 작용과 더불어 색깔, 농도의 증감과 관계되는 미동유전자의 작용으로 담황 – 황갈 – 적갈 – 암적 – 흑자색에 이르는 다양한 변이를 나타내고 있다. 특히 흑자색미가 함유하고 있는 안토시아닌 함량도 품종에 따라 큰 차이를 나타내었다.

1 유색미 흑진주벼 조합 잡종세대의 C3G 함량변이

유색미는 현미가 흑자색 또는 적갈색을 나타내며 이들 색소는 종피에 착색된다. 흑자색미는 안토시아닌을 함유하고 적갈색미에는 프로안토시아니딘(proanthocyanidin)이 들어 있다(Reddy et al. 1995).

흑자색미의 안토시아닌은 구조유전자 *C*와 *A*의 보족작용으로 합성되고 조절유전자 *Pl*^{w}에 의하여 종피에 착색되며, 적갈색미의 적갈색 형성에는 *Rc*와 *Rd* 유전자가 보족적으로 관여한다(Kinoshita 1984 ; Reddy et al. 1995). 흑자색미 조합에서 *A* 유전자 없이 *C*와 *Pl*^{w} 유전자만 있을 때는 적갈색미가 되며, 이 적갈색의 생성경로는 *Rc*와 *Rd* 유전자에 의한 적갈색 합성경로와 다른 것이다(Maekawa, 1996).

식물의 안토시아닌 합성은 유전자에 의해 지배되지만, 광, 온도, 시비, 토양수분, 무기성분, 착색제, 생장조절제 등 여러 가지 요인이 영향을 미친다(Mazza & Miniati, 1993).

안토시아닌 함유 농산물이 기능성 식품으로 관심을 끌고, 안토시아닌 색소의 생리활성 기능이 밝혀짐에 따라 안토시아닌 함량이 높은 흑자색미 품종육성이 요구된다. 이를 위하여는 색소 형성을 지배하는 유전자들이 안토시아닌 생합성 경로의 각 단계에서 어떠한 역할을 하는지 밝혀져야 하며, 환경의 영향도 검토해야 한다.

적자색미에 함유된 안토시아닌 함량의 유전에 대한 정보를 얻을 목적으로 흑자색미와 보통백미 조합, 그리고 흑자색미 흑진주벼를 보통백미 향미벼, 그리고 다른 흑자색미 수원 425호와 인공교배한 두 조합의 F_1, F_2, F_3 등 잡종세대에서 C3G 함량변이를 검토한 것이다.

본 실험에 사용한 흑자색미는 '흑진주벼'와 '수원 425호'였고, 보통백미는 '향미벼'였다. 흑진주벼와 향미벼 조합은 정역교배하였으며, 흑진주벼/수원 425호 조합은 흑진주벼를 자방친, 수원 425호를 화분친으로 하였다.

1997년 교배종자를 온실에 파종하고, F_1 식물을 양성하여 F_2 종자를 확보한 다음, 1998년 F_2 종자의 일부를 포장에 공시하여 F_3 종자를 채종하였다. 1999년에는 전년도에 남겨 놓은 F_1과 F_2, 그리고 흑자색미 F_3 종자를 함께 포장에 전개하였으며, 채종한 각 세대의 종자를 C3G 함량분석시료로 사용하였다. F_2에서 분리된 적갈색미는 C3G 함량분석에서 제외하였다. F_1 식물로부터 채종한 F_2 종자의 종피는 F_1의 특성이며, 마찬가지로 F_2와 F_3 식물에서 채종한 F_3 종자와 F_4 종자는 F_2와 F_3의 특성을 나타낸다.

종피 색깔의 F_2 분리는 F_2의 개체별로 채종한 F_3 종자의 종피(F_2 세대)를 흑자색, 적갈색, 백색으로 구분하여 조사하였다.

1999년의 공시재료는 포장에 4월 20일 파종, 5월 25일 1주 1본식 이앙하였으며, 시비 및 기타 재배 관리는 농촌진흥청 표준재배법에 따랐다.

종피에 함유된 안토시아닌 색소의 추출은 곱게 분쇄된 현미가루 2g을 0.1% trifluoroacetic acid(TFA)-95% ethanol 용매 20ml로 4시간씩 3회에 걸쳐 상온에서 반복 추출하였다. 추출액을 여과지(Whatman No. 2)를 이용하여 여과한 후 회전감압농축기로 농축하여 최종 25ml로 정용하여 분석하였다. C3G 표준물질은 흑진주벼로부터 [그림 5-2]와 같은 방법으로 추출하였다(Park, S. Z. et al., 2000).

종피에 함유된 안토시아닌 색소 가운데 C3G의 함량분석은 HPLC

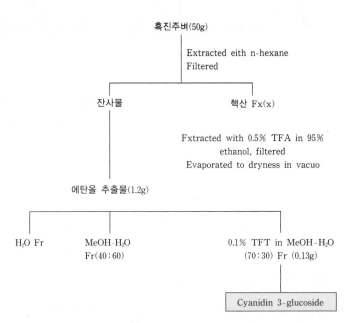

그림 5-2 흑진주벼로부터 C3G 추출 · 분리 과정 (Park, S. Z. et al., 2000)

(waters 501 pump, millipore gradient controller, waters 480 UV-Vis detector)를 이용하였다. HPLC 분석에서 칼럼은 ODS-5(4.6mm×250mm, Nomura chemical Co., Japan)를 사용하고, 검량파장은 530nm이었으며, 이동상으로 0.1% TFA in water; linear gradient, 0.1% in Acetonitrile을 사용하였으며 유속은 1.0ml/min이었다. 본 실험에 사용된 모든 시약은 분석용 1급 시약이었다.

2 종피색의 유전분리

〈표 5-4〉는 두 교배조합의 교배종자와 F_1 및 F_2의 종피색을 조사한 결과이다(Park, S. Z. et al., 2000).

흑진주벼(흑자색미)와 향미벼(백색미) 조합에서 흑진주벼가 자방친인 교배종자는 흑자색이고, 향미벼를 자방친으로 한 경우에 교배종자는 백

표 5-4 흑진주벼와 향미벼, 흑진주벼와 수원 425호 두 교배조합의 F_1, F_2 종피색 분리

| 교배조합 | 세대 | 종피색 | | | | x^2 | P |
		흑자색	적갈색	백색	합계	9 : 3 : 4	
흑진주벼		5			5		
수원 425호		5			5		
향미벼				5	5		
흑진주벼/향미벼	F_1[a]	13			13		
향미벼/흑진주벼	F_1[a]			9	9		
	F_1[b]	7			7		
	F_2[c]	180	50	75	305	1.524	0.1~0.5
흑진주벼/수원 425호	F_1[a]	15			15		
	F_1[b]	12			12		
	F_2[c]	217			217		

a. 교배종자의 종피는 교배모본 중 자방친의 유전자형을 가진다.
b. F_2 종자의 종피는 F_1의 유전자형을 가진다.
c. F_3 종자의 종피는 F_2의 유전자형을 가진다.

(Park, S. Z. et al., 2000)

색이나 F_1(F_2 종자)은 흑자색을 나타내었다. 이러한 결과는 안토시아닌 색소가 현미의 종피에 축적되며, 흑진주벼의 색소형성유전자가 우성대립유전자임을 의미한다.

향미벼/흑진주벼 조합 F_2(F_3 종자)의 종피색은 흑자색 : 적갈색 : 백색 = 9 : 3 : 4로 분리하였으며, 정 등(2000)은 흑진주벼/IR70078-AC3(백색미) 조합에서 이와 같은 분리비를 보고하였다.

흑자색미는 구조유전자 C와 A, 그리고 조절유전자 Pl^ω가 작용하여 흑자색을 발현하며, C와 Pl^ω가 함께 있어도 A가 없으면 적갈색이 된다(Kinoshita, 1984). 따라서 흑진주벼에는 우성대립유전자 C와 A 및 Pl^ω가

존재하며, 적갈색으로 나타난 F₂(F₃ 종자)는 유전자형이 *aaC-Pl^ω*-인 것임을 알 수 있다.

흑자색미끼리 교배한 흑진주벼/수원 425호 조합은 교배종자와 F₁(F₂ 종자) 및 F₂(F₃ 종자) 모두 흑자색이었다. 수원 425호는 흑자색미 '상해향혈나'와 백색미 '천마벼' 조합으로부터 육성된 계통이며, 김과 정(1997)은 상해향혈나/진부벼 및 진부찰벼(백색미) 조합 F₂에서 흑자색 : 적갈색 : 백색 = 9 : 3 : 4로 분리함을 보고하였다. 이러한 사실은 수원 425호에도 우성대립유전자 *C*와 *A* 및 *Pl^ω*가 존재함을 말해 준다.

그런데 흑진주벼의 C3G 함량은 457.5mg/100g으로 수원 425호의 182.5mg/100g보다 현저하게 높은 점으로 보아(표 5-6), 두 품종의 유전자활성이 다를 것으로 생각된다. 옥수수, 페튜니아, 금어초 등에서 식물체 조직에 따른 안토시아닌의 구성과 양적 차이는 안토시아닌 생합성에 관여하는 구조유전자와 조절유전자 및 그들의 상호 작용 때문임이 밝혀졌다(Dooner et al., 1991).

3 향미벼/흑진주벼 조합에서 분리된 흑자색립과 적갈색립 색소추출물의 HPLC-chromatogram

향미벼/흑진주벼 조합 F₂에서 흑자색립과 적갈색립이 분리되는데, 두 그룹의 색소추출물을 비교하기 위하여 각 그룹으로부터 안토시아닌을 추출하고 C3G를 분리하였다.

정제한 C3G를 HPLC로 검정한 결과는 [그림 5-3]과 같다. 그림에서 보는 바와 같이 적갈색립 색소추출물의 크로마토그램은 흔적만 보일 뿐이다. 이것은 F₂에서 분리한 적갈색미에는 C3G가 거의 들어 있지 않음을 의미한다. 따라서 본 실험에서는 F₂로부터 분리된 흑자색립만 분석하였다.

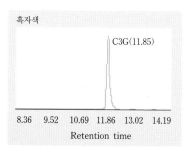
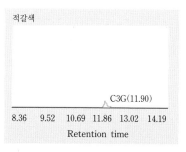

그림 5-3 향미벼/흑진주벼 교배조합으로부터 흑자색과 적갈색 (Park, S. Z. et al., 2000)

4 향미벼/흑진주벼 조합 F_1, F_2 및 F_3의 C3G 함량변이

〈표 5-5〉와 [그림 5-4]는 향미벼(백색미)/흑진주벼(적자색미) 조합에서 F_1과 F_2 및 F_3의 C3G 함량변이를 나타낸 것이다.

F_1(F_2 종자)의 평균 C3G 함량은 112.5mg/100g으로 양친 중간값 228.8mg/100g의 절반 수준이었고, F_2와 F_3의 C3G 함량분포는 모두 낮은 함량 쪽으로 치우친 연속변이를 보였으며, 각 세대의 평균 C3G 함량도 55.0~114.6mg/100g으로 낮았다. 그리고 F_2와 F_3에서 흑진주벼의 C3G 함량보다 높은 개체는 분리되지 않았다.

표 5-5 향미벼/흑진주벼 조합 F_1, F_2 및 F_3의 C3G 함량변이

세대	C3G 함량(mg/100g)																						합계	Mean±SD
------	0~25	25~50	50~75	75~100	100~125	125~150	150~175	175~200	200~225	225~250	250~275	275~300	300~325	325~350	350~375	375~400	400~425	425~450	450~475	475~500	500~525	525~550	------	---------
흑진주벼(P₁)																	2	2	1				5	457.5±20.9
향미벼(P₂)	3																						3	0.0±0.0
F_1			4	3	2	1																	10	112.5±26.4
F_2	65	44	26	11	10	5	2	3	2	2	1	1		1									173	55.0±57.4
F_3	80	64	36	31	25	22	13	12	9	14	8	2	5	6	7	3	2	3	2	3	3		50	114.6±116.2

(Park, S. Z. et al., 2000)

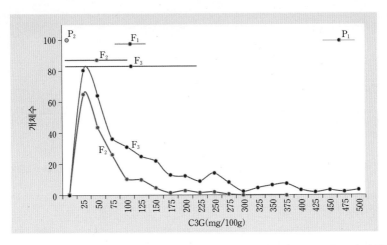

그림 5-4 향미벼/흑진주벼 조합의 F_1, F_2 및 F_3의 C3G 분포빈도 (Park, S. Z. et al., 2000)

흑진주벼에는 안토시아닌 합성을 지배하는 우성대립유전자 C, A, Pl^ω 가 있으며, F_1은 이들 우성대립유전자에 대하여 이형접합이다(표 5-4). 따라서 F_1의 C3G 함량이 양친 중간값보다 낮고 F_2와 F_3의 C3G 함량분포가 낮은 쪽으로 치우친 것은 이형접합일 때 우성대립유전자들의 활성 및 유전자 상호 작용을 검토할 필요가 있다.

옥수수에서는 2개의 조절유전자군이 안토시아닌 생합성의 모든 경로에 작용하며, 금어초는 2개의 조절유전자가 양적 조절을 담당한다 (Dooner et al., 1991).

5 흑진주벼/수원 425호 조합 F_1, F_2 및 F_3의 C3G 함량변이

흑자색미 간 조합 흑진주벼/수원 425호의 F_1과 F_2 및 F_3의 C3G 함량변이는 〈표 5-6〉과 [그림 5-5]에 표시하였다. 양친 중간값(320.0mg/100g)과 비교하여 F_1(F_2 종자)의 평균 C3G 함량(362.5mg/100g)은 다소 높았고, F_2 평균(244.2mg/100g)과 F_3 평균(292.5mg/100g)은 다소 낮았다.

F$_2$와 F$_3$의 C3G 함량변이는 수원 425호 쪽으로 약간 치우쳐서 복잡한 분리양상을 나타내었으며, 흑진주벼의 C3G 함량보다 높은 개체들이 분리되었다.

흑진주벼/수원 425호 조합에서 F$_1$, F$_2$, F$_3$의 각 세대 평균 C3G 함량은 양친 중간값과 비슷한 수준이며, F$_2$와 F$_3$의 C3G 함량이 복잡한 분리를

표 5-6 흑진주벼/수원 425호 조합 F$_1$, F$_2$ 및 F$_3$의 C3G 함량변이

세대	0/25	25/50	50/75	75/100	100/125	125/150	150/175	175/200	200/225	225/250	250/275	275/300	300/325	325/350	350/375	375/400	400/425	425/450	450/475	475/500	500/525	525/550	550/575	575/600	600/625	625/660	합계	Mean±SD
흑진주벼(P$_1$)																		2	2	1							5	457.5±20.9
수원 425호(P$_1$)							1	4																			5	182.5±11.2
F$_1$												1	2	1	2	1	2	1									10	362.5±150.0
F$_2$			3	5	11	14	16	15	28	32	20	22	17	11	7	5	2	3	1	3	1	1					217	244.2±90.3
F$_3$	1	3	3	5	4	11	1	13	10	7	10	7	10	6	8	6	5	7	5	6	4	2	2	1	1	2	135	292.5±135.2

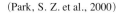

(Park, S. Z. et al., 2000)

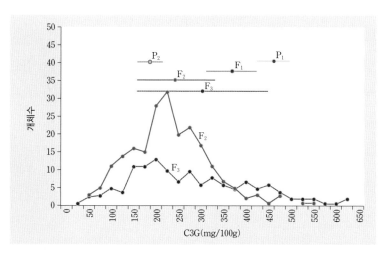

그림 5-5 흑진주벼/수원 425호 조합의 F$_1$, F$_2$ 및 F$_3$의 C3G 분포빈도 (Park, S. Z. et al., 2000)

보인 것은 앞에서 지적한 바와 같이 흑진주벼와 수원 425호에는 모두 안토시아닌 합성을 위한 C, A, Pl^{ω} 유전자가 존재하는데, 두 품종 사이에 이들 유전자의 활성이 다를 가능성을 시사한다.

수원 425호의 적자색미는 상해향혈나에서 유래한 것이지만, 상해향혈나보다 수원 425호의 C3G 함량이 더 높다(Ryu et al., 1998). 따라서 흑진주벼/수원 425호 조합의 F_3 세대 이후 C3G 함량이 높은 개체를 계속 선발하면 흑진주벼보다 더 높은 C3G 함량을 지닌 적자색미 계통의 육성을 기대할 수 있을 것이다.

흑진주벼는 극조생종으로 본 실험에 공시한 두 조합 모두 F_2와 F_3의 집단 내 개체들 간에 출수기 차이가 컸다. 따라서 잡종세대의 C3G 함량변이를 검토하기 위해서는 온도, 광 등 환경요인이 C3G 합성에 미치는 영향(Mazza & Miniati, 1993)을 조사해야 할 것이다(Park, S. Z. et al., 2000).

3 C3G 색소의 환경변이

흑자색미에 함유된 안토시아닌 함량은 유전적 특성 이외에도 재배시기, 재배지역, 등숙기 기상환경 등의 영향을 크게 받는 것으로 확인되었다.

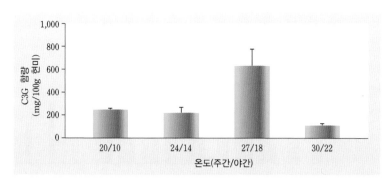

그림 5-6 흑진주벼의 등숙기 온도가 C3G 함량에 미치는 영향

1 등숙기 온도조건에 따른 C3G 함량변이

등숙기 온도조건이 흑자색 유색미의 C3G 함량에 미치는 영향을 검토하기 위해 흑진주벼를 공시하여 주야간 온도조건이 서로 다르게 유지되는 농촌진흥청 인공기상실에서 본 실험을 수행하였다.

[그림 5-6]은 주간/야간 온도가 각각 20℃/10℃, 24℃/14℃, 27℃/18℃, 30℃/22℃로 유지되는 인공기상실에서 등숙기를 거친 흑진주벼의 C3G 함량을 나타내고 있다.

[그림 5-6]에 제시한 바와 같이 흑진주벼의 C3G 함량은 주간/야간 각각 20℃/10℃, 24℃/14℃로 유지된 처리구보다 주간 27℃, 야간 18℃로 유지한 처리구에서 훨씬 높은 함량을 보였으며, 주간 30℃, 야간 22℃로 유지된 처리구에서 가장 낮았다.

2 재배지역에 따른 C3G 함량변이

본 실험은 흑진주벼를 공시하여 1999년, 2000년, 2001년 등 3년 동안 국내 및 국외 13개 지역에서 수행하였다(그림 5-7). 1999년 수행한 결과

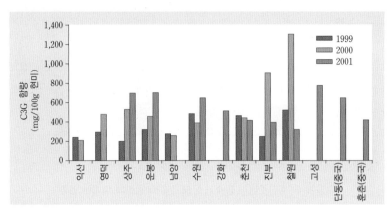

그림 5-7 흑진주벼의 재배지역에 따른 C3G 함량 차이

에서는 철원에서 재배된 흑진주벼의 C3G 함량이 507.2mg(100g 현미)으로 가장 높았으며, 수원, 춘천, 운봉, 영덕, 남양, 진부, 익산, 상주 순이었다. C3G 함량이 가장 높은 철원지역과 상주지역에서 각각 재배된 흑진주벼의 C3G 함량 차이는 약 314mg(100g 현미)으로 나타났다. 2000년도에 수행된 실험에서는 철원이 884mg(100g 현미)으로 가장 높았으며, 그다음이 진부로 831mg(100g 현미)이었고, 익산이 204mg(100g 현미)으로 가장 낮았으며, 최고인 철원지역에서 재배된 것과 비교해서 약 680mg(100g 현미)의 C3G 함량 차이가 있었다.

2001년도에 수행된 실험 결과는 운봉지역에서 재배된 것이 694.33mg(100g 현미)으로 가장 높고, 철원에서 재배된 것이 308.13mg(100g 현미)으로 가장 낮았다. 이 해에는 최고와 최저의 차이가 약 386mg(100g 현미) 정도이다. 2001년도는 중국의 단동과 훈춘에서도 흑진주벼를 재배하였는데 그 지역에서 재배된 것의 C3G 함량은 각각 531.33mg(100g 현미)과 407.39mg(100g 현미)으로 나타났다.

이처럼 흑진주벼의 C3G 함량의 차이가 지역과 연차에 따라 크게 좌우되는 것으로 보아 안토시아닌 색소 C3G의 함량은 재배되는 지역의 토양이나 지형적 특성보다는 국지기상과 깊은 연관이 있을 것으로 판단된다. 따라서 흑자색 유색미의 C3G 함량과 관련하여서는 이와 같은 부분의 연구가 무엇보다도 선행되어야 할 것이다.

3 재배시기에 따른 C3G 함량변이

흑자색 유색미에 집적되는 안토시아닌 색소의 함량에 영향을 미치는 환경적인 요인 가운데 재배시기가 미치는 영향을 검토하였다. 〈표 5-7〉에 제시한 바와 같이 흑진주벼의 경우 4월 1일 파종한 처리구의 C3G 함량은 471.5mg(100g 현미) 수준이었고, 그보다 20일 늦게 파종한 경우(보통기 재배) 371.1mg(100g 현미) 수준으로 약 100mg 정도 함량이 낮았다. 그러나 5월 30일 이후에 파종한 경우 540mg(100g 현미) 이상으로 4월 1일에 파종한 경우보다 높게 나타났다.

공시된 나머지 수원 425호, 상해향혈나의 경우 5월 30일에 파종한 처리구에서 각각 307.3mg(100g 현미)과 355.3mg(100g 현미)으로 6월 20일에 파종한 처리구에 비해 오히려 높게 나타났다. 한편 흑남벼의 경우는

표 5-7 수원지방에서의 파종시기별 흑자색미 품종의 C3G 함량 차이

(단위 : mg/100g 현미)

품종명	파종기				
	4/1	4/20	5/10	5/30	6/20
흑진주벼	471.5	371.1	385.3	540.8	584.9
수원 425호	101.4	80.4	159.5	307.3	242.1
상해향혈나	177.5	320.0	187.5	355.3	163.1
흑남벼	39.3	96.5	138.9	262.5	268.4

파종시기가 늦어질수록 C3G 함량이 증가하였으며, 5월 30일 이후에는 큰 차이를 보이지 않았다.

재배시기에 따른 유색미의 C3G 함량은 앞에서도 제시한 바와 같이 품종의 조만성과 관련이 있고, 등숙기간의 여러 가지 환경 요인에 크게 영향을 받는 것으로 보인다.

4 시비조건에 따른 C3G 함량변이

(1) 시비조건

시비 종류 및 시비량이 흑자색 유색미의 C3G 함량에 미치는 영향을 평가하기 위하여 흑진주벼를 공시하여 보비구(질수-인산-칼륨 : 12-10-10 kg/10a), 배비구(24-10-10), 생고구, 퇴비구, 무비구 등의 처리구별로 재배하여 C3G 함량을 조사하였다(그림 5-8).

1998년도에 수행한 실험 결과에서는 생고구에서 330.5mg(100g 현미)으로 가장 높고, 퇴비구에서 227.1mg(100g 현미)으로 가장 낮았다. 그러나 1999년도에 수행한 실험 결과에서는 오히려 무비구에서 252.7mg

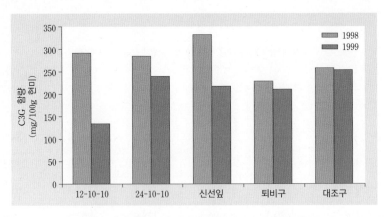

그림 5-8 시비조건에 따른 흑진주벼의 C3G 함량 차이

(100g 현미)으로 가장 높았으며, 보비구에서 134.7mg(100g 현미)으로 가장 낮았다. 그러나 보비구, 생고구 등에서는 연차 간의 C3G 함량 차이가 크게 나타나, 흑진주벼의 C3G 함량에 미치는 영향은 시비 종류나 시비량보다는 연차 간의 차이, 즉 기타 재배환경 요인에 더 크게 영향을 받는 것으로 판단되었다.

(2) 질소 시비 효과

질소 시비량이 흑자색 유색미의 C3G 함량에 미치는 영향을 조사하기 위하여 질소 시비량을 10a당 0kg, 12kg, 18kg, 24kg을 처리하여 각 처리 구당 평균 C3G 함량을 조사하였다(그림 5-9). 흑진주벼를 공시하여 1998년과 1999년에 수행한 실험 결과, 질소 시비량에 의한 C3G 함량의 차이는 1998년도에는 질소 시비량이 24(kg/10a)인 처리구에서 334.7mg(100g 현미)으로 가장 높고, 질소 시비를 하지 않은 대조구에서 264.2mg (100g 현미)으로 가장 낮았다. 그러나 그 둘 간의 차이는 약 70.5mg(100g 현미) 수준으로 극히 경미하였다. 1999년도에 수행한 실험 결과에서는 무비구에서 221.2mg(100g 현미)으로 가장 낮고, 12(kg/10a) 수준으로 시

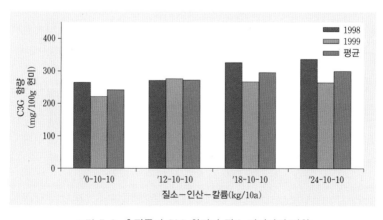

그림 5-9 흑진주벼 C3G 함량과 질소 시비량의 영향

비한 처리구에서 275.7mg/100g 현미로 가장 높아 약 54.5mg(100g 현미) 수준의 차이가 있었다. 이와 같은 결과로 보아 질소 시비량은 유색미 흑진주벼의 C3G 함량에 영향을 미치는 정도가 극히 낮다고 볼 수 있다.

(3) 인산-칼륨 시비 효과

인산과 칼륨의 시비량이 흑자색 유색미의 C3G 함량에 미치는 영향을 조사하기 위하여 10a당 질소-인산-칼륨을 각각 12-0-0, 12-10-0, 12-0-10으로 처리하여 각 처리구당 C3G 함량을 조사하였다(그림 5-10). 흑진주벼를 공시하여 수행한 본 실험에서 1998년도에는 인산-칼륨을 모두 시용하지 않은 대조구에서 228.8mg(100g 현미)으로 가장 낮고, 칼륨만 시용하지 않은 처리구에서 309.9mg(100g 현미)으로 가장 높았다. 1999년 도에도 역시 인산-칼륨을 모두 시용하지 않은 대조구에서 가장 낮고, 칼륨만 시용하지 않은 처리구에서 가장 높았다. 이와 같은 결과로 보아 인산이 칼륨보다는 유색미 흑진주벼의 C3G 함량에 좀 더 영향을 끼치나, 앞에서 제시한 재배시기, 지역, 등숙기 온도 등의 처리들이 영향을 미치는 것에 비해서는 극히 제한적이었다.

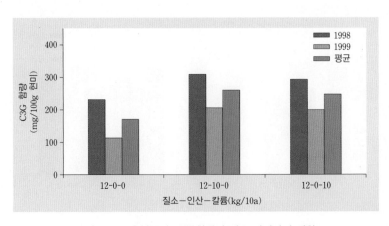

그림 5-10 흑진주벼 C3G 함량과 질소 시비량의 영향

　흑진주벼를 공시하여 출수 후 에세폰을 처리한 다음 에세폰이 종자의 색소 함량에 미치는 영향을 검토하였다. 에세폰 처리를 상품포장에 제시된 사용농도(0.06%)를 기준으로 대조구(무처리구), 보통처리구, 2배처리구, 3배처리구 등 모두 네 수준으로 하여 출수 후 6일, 9일, 12일, 18일에 처리하였다.

　출수 후 18일에 0.18% 농도로 처리한 구에서의 C3G 함량은 대조구나 0.06% 농도로 처리한 구에 비해 약 400~500mg(100g 현미) 정도 더 높았고, 0.12% 농도의 처리구에 비해 약 200mg(100g 현미) 정도 더 높은 것으로 나타났다(그림 5-11). 대조구와 비교해 볼 때 출수 후 12일 이전에 처리한 경우 C3G 함량은 큰 차이가 나타나지 않았고, 출수 후 12일 이후에 0.06% 농도로 처리한 경우도 C3G 함량을 높이는 데 별다른 영향을 나타내지 못했다.

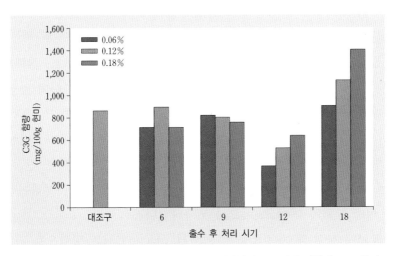

그림 5-11　생장조절제 에세폰의 출수 후 처리시기와 농도별 흑진주벼 C3G 함량

흑진주벼에서 P3G는 부색소이다. P3G 함량은 출수 후 18일에 0.18% 농도의 처리구에서 높게 나타났다. 따라서 흑진주벼의 안토시아닌 색소의 함량을 높이기 위해서는 출수 후 12일 이후에 0.12% 이상 농도의 에세폰을 처리해야 할 것이다.

4 C3G 색소의 유전분석

C3G 유전 분석 논문은 "이면 교배에 의한 흑자색미 안토시아닌 함량의 유전분석"(2008년)이다. 이 논문에서 흑자색미 5개 품종 및 계통을 완전 이면교배하여 얻어진 F_1의 농업형질과 안토시아닌 함량에 대한 교배모본의 조합능력을 검토하였다.

이를 위한 실험에 사용한 흑자색미는 흑진주, 수원 425호, 상해향혈나, 용금 1호, C3GHi 벼의 5개 품종 및 계통을 교배친으로 하여 완전 이면교배한 20개 조합의 F_1과 모본을 2007년 4월 25일에 파종하여 30cm×15cm, 1주 1본식으로 5월 25일 이앙하였고, 시비 및 기타 재배관리는 국립식량과학원 표준재배법을 따랐다. 시험재료에 대한 출수기, 간장, 수장, 주당수수, 수당립수, 현미 천립중과 F_2 종자의 종피를 분석하여 F_1의 C3G 색소 함량에 대해 3반복으로 조사하였다.

이면교배 분석 및 유전모수 추정은 Hayman(1958)의 방법으로 하였으며, 조합능력 검정은 Griffing(1965)의 방법을 이용하여 수행하였다.

1 교배모본과 F_1의 주요 농업 특성 및 C3G 함량

교배모본으로 이용된 흑진주벼, 수원 425호, 상해향혈나, 용금 1호 및 C3GHi 벼 계통의 주요 농업 특성과 C3G 함량은 〈표 5-8〉에서 보는 바와 같다.

흑진주벼와 용금 1호는 극조생종으로 출수기가 각각 7월 25일, 7월 24일이었으며, C3GHi 벼 계통은 조생으로 8월 5일에 출수하고, 수원 425호, 상해향혈나는 중생 또는 중만생으로 8월 14일, 8월 17일경에 출수하였다. 간장은 상해향혈나와 C3GHi 벼가 62~63cm, 흑진주와 용금 1호는 75~78cm, 수원 425호는 83.7cm 정도였으며, 수장은 5개 교배모본 모두 21.0cm로 긴 편이었다.

주당수수는 수원 425호와 C3GHi 벼는 8.0개 정도이고, 상해향혈나는 11.3개였다. 반면 수당 평균 영화수는 상해향혈나 83.4개, 수원 425호와 C3GHi 벼는 139개로 나타났다.

상해향혈나의 현미 천립중은 30.4g으로 5개 교배모본 중 가장 높았으며, 용금 1호, 수원 425호, C3GHi 벼, 흑진주벼 순으로 각각 27.2g, 23.8g, 17.8g, 16.6g이었고, 이들 품종 및 계통 간 고도로 유의한 차가 인정되었다.

현미 100g당 C3G 함량은 C3GHi 벼가 1,043.5mg을 함유하여 211.5mg인 흑진주벼에 비해 5배가량 높았다. 용금 1호, 수원 425호, 상해향혈나는 각각 165.7mg, 157.3mg, 142mg을 함유하는 것으로 조사되었고, 분산분석 결과 계통 및 품종 간 고도로 유의한 차가 인정되었다. 이는 박 등 (Park et al., 1998)이 보고한 결과에 비해 현미 100g당 절대량은 다소 감소하였으나, 동일한 경향을 얻었다. 이러한 연차 간 변이는 흑자색미의 안토시아닌 함량이 광, 온도, 시비, 토양수분, 무기성분 등 여러 가지 요인의 영향을 크게 받기 때문이다(Mazza & Miniati, 1993).

표 5-8 완전이면교배 모본과 F₁들의 주요 농업형질 및 C3G 함량 분포

품종명	출수기	간장	수장	주당수수	이삭당 벼알 수	현미 천립중	C3G 함량
흑진주벼 (1)	92	75.5	20.7	9.0	117.6	16.6	214.7
수원 425호 (2)	112	83.7	21.3	8.3	138.8	23.8	157.9
상해항혈나 (3)	115	63.0	21.3	11.3	83.4	30.4	142.0
용금 1호 (4)	91	78.3	21.0	9.3	109.8	27.2	165.7
C3GHi 벼 (5)	105	62.3	21.3	8.0	138.9	17.8	1043.6
Anova	**	**	–	**	**	**	**
1×2	124	93.7	24.3	10.0	148.6	21.9	308.6
1×3	132	90.0	25.0	11.3	165.5	22.8	253.3
1×4	90	65.7	20.7	6.7	109.4	19.2	372.2
1×5	93	74.0	19.7	7.0	125.5	18.9	438.0
2×1	124	95.7	25.0	7.0	158.1	24.1	224.9
2×3	113	73.0	21.7	8.0	112.6	25.1	54.7
2×4	124	94.3	22.7	8.0	132.8	22.3	308.0
2×5	129	89.7	25.7	8.7	192.5	22.8	294.0
3×1	132	87.0	23.7	10.0	136.1	23.0	175.6
3×2	113	72.7	22.3	8.3	125.9	24.6	140.6
3×4	131	85.7	23.7	8.3	142.3	22.7	115.2
3×5	134	74.0	26.3	11.7	184.9	23.1	361.8
4×1	91	69.7	20.3	8.3	84.8	18.3	310.7
4×2	124	90.0	24.0	7.3	138.5	23.0	172.8
4×3	132	82.7	23.3	9.0	163.4	22.9	127.0
4×5	93	73.0	20.3	8.7	113.1	18.9	313.4
5×1	94	71.0	21.5	10.01	28.5	19.2	255.3
5×2	128	84.0	25.0	7.0	200.8	23.2	357.7
5×3	93	71.0	21.0	8.0	108.3	18.1	294.9
5×4	131	74.0	22.7	9.0	164.5	22.5	512.9

**는 1% 유의수준에서 유의성이 인정됨을 의미함   (권순욱 외, 2008)

20개 조합 F₁의 현미 천립중은 교배모본으로 흑진주와 상해향혈나 품종이 사용된 조합에서 초월분리를 보였고, 그 외 조합에서는 두 모본의 범위 안에 분포하였다. 특히 흑진주벼와 C3GHi 벼 조합은 정역교배 모두 교배모본(16.6g, 17.8g)보다 높아진 18.9g, 19.2g으로 조사되었고, 상해향혈나와 용금 1호의 정역교배 조합에서는 교배모본(30.4g, 27.2g)보다 크게 감소된 22.7g, 22.9g으로 조사되었다. 조합별 현미 천립중은 수원 425호/상해향혈나 조합에서 25.1g으로 가장 높았고, C3GHi 벼/상해향혈나 조합에서 18.1g으로 가장 낮게 나타났다. C3G 함량은 C3GHi 벼 계통이 모본으로 사용된 조합을 제외한 대부분의 조합에서 초월분리가 관찰되었는데, 수원 425호/상해향혈나 조합은 모본의 범위를 크게 벗어난 54.7mg으로 나타났고, 상해향혈나/용금 1호 조합은 모본보다 감소된 방향으로 초월분리하였다. 20개 조합 중에서 수원 425호/상해향혈나 조합이 가장 낮은 값을 보였고, C3GHi 벼/용금 1호 조합에서 가장 높은 C3G 함량을 보였다(표 5-8).

20개 조합의 F₁에서 출수기, 간장, 수장, 주당수수, 이삭당 벼알수, 현미 천립중 및 C3G 함량의 상관관계는 〈표 5-9〉에서 보는 바와 같다. 출

표 5-9 주요 농업형질 및 C3G 함량의 상관분석

구 분	간장	수장	주당수수	이삭당 벼알수	현미 천립중	C3G 함량
출수기	0.62**	0.87**	0.29	0.73**	0.48*	-0.14
간장		0.66**	-0.04	0.54*	0.22	-0.35
수장			0.28	0.83**	0.35	-0.11
주당수수				0.06	0.32	-0.16
이삭당 벼알 수					0.09	0.24
현미 천립중						-0.49*

*와 **는 각각 5%와 1% 유의수준에서 유의성이 인정됨을 의미함

(권순욱 외, 2008)

수기는 간장, 수장, 주당수수와 고도로 유의한 정의 상관을 보였고, 현미 천립중과도 유의한 정의 상관을 보였다. 이는 극조생 품종인 흑진주가 단간이며, 현미 천립중이 16.6g이나 중만생종인 상해향혈나의 현미천립중이 30.4g인 교배모본의 특성에 따른 것으로 판단된다. 현미 100g의 C3G 함량은 현미 천립중과 유의한 부의 상관을 보였는데, 이는 정 등 (Jung et al., 2000)이 흑진주/IR70078-AC3(흰색) 조합의 후대를 검토하여 C3G 함량은 현미의 두께 및 천립중과 고도로 유의한 부의 상관을 보여 수량 간에 고도로 유의한 부의 상관을 관찰한 것과 일치하였다.

2 *Wr−Vr*의 분산분석과 회귀분석

이면교배에 의한 유전분석 시 비대립 유전자 간의 상호 작용이 없어야 하는데, 현미 천립중과 C3G 함량의 *Wr*, *Vr*의 분산분석 결과 두 형질 모두 *Wr−Vr*의 유의성이 인정되지 않았으며, *Wr+Vr*의 유의성이 인정되어 유전자 간 비대립 유전자 효과는 없고, 유전자의 상가적 효과와 우성효과가 존재하는 것으로 나타나 상가적−우성 모델에 적합하였다(표 5-10).

현미 천립중의 분산과 공분산의 회귀분석 결과 $Wr = 2.58 + 1.07Vr$의 회귀직선을 얻었고, 회귀계수(1.07)의 1에 대한 유의성 검정 결과 유의

표 5-10 현미 천립중과 C3G 함량의 분산 및 공분산 분석

	현미 천립중				C3G 함량			
	Wr+Vr		*Wr−Vr*		*Wr+Vr*		*Wr−Vr*	
	MS	F	MS	F	MS	F	MS	F
집구	49.487	ns	5.490	ns	638,414,003	ns	27,363,839	ns
행	337.333	28.15	1.067	ns	20,731,099,426	34.12	97,698,433	ns
오차	11.984		1.516		607,590,543		43,850,337	

(권순욱 외, 2008)

성이 없으므로 상가적-우성 모델에 적합하였다. 또한 y절편이 정의값을 가지고, 0에 대한 유의성이 인정되므로 현미 천립중의 유전양식은 부분우성으로 나타났고, 현미 천립중이 가장 높은 상해향혈나는 원점으로부터 먼 열성 쪽에 분포하였다〔그림 5-12 (a)〕.

C3G 함량의 분산을 분석한 결과 $Wr = 17664.1 + 1.07Vr$의 회귀직선을 얻었고, 회귀계수(1.07)의 1에 대한 유의성이 인정되지 않으므로 상가적-우성 모델에 적합하였다. 또한 회귀직선이 원점 위를 지나고, 0에 대한 유의성이 인정되므로 유전자가 부분우성으로 작용하였고, C3G 함량이 월등이 높은 C3GHi 벼 계통이 열성 쪽에 분포하였다〔그림 5-12 (b)〕.

3 유전모수 분석

환경분산을 이용하여 각각의 유전분산을 추정한 결과, 현미 천립중은 교배모본의 유전자 간 상가적 분산(D)이 우성분산(H_1)에 비해 높게 나타나, 유전자의 상가적 효과가 우성효과보다 크게 나타났으며, 평균 우성 정도〔$(H_1/D)^{1/2}$〕가 0.80의 부분우성을 보였다. $H_2/4H_1$은 0.16으로 정의

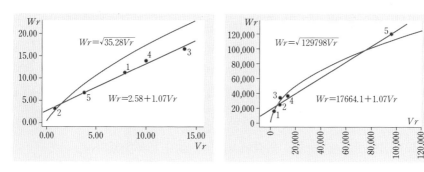

1. 흑진주벼 2. 수원 425호 3. 상해향혈나 4. 용금 1호 5. C3GHi 벼
(a) 현미 천립중   (b) C3G 함량/100g 현미

그림 5-12 현미 천립중과 C3G 함량의 분산 및 공분산의 회귀 (권순욱 외, 2008)

표 5-11 현미 천립중과 C3G 함량의 유전모수

유전모수	현미 천립중	C3G 함량
D : 상가적 분산	35.14±6.5	152,225±427
H_1 : 우성분산	22.44±14.0	72,039±794
H_2 : $(H_1(1-(\mu-\nu)^2)$	14.28±10.1	44,654±567
F : 상가적 효과와 우성효과의 평균공분산	28.90±14.7	121,107±952
$(H_1/D)^{1/2}$: 평균우성 정도	0.80	0.69
$H_2/4H_1$: 유전자의 평균빈도	0.16	0.16
kD / kR : 교배친의 우성과 열성 유전자 비율	3.12	3.78
hN : 협의의 유전력	0.66	0.70
hB : 광의의 유전력	0.98	0.98

μ : 표현형 값 중 큰 쪽의 유전자 빈도, ν : 표현형 값 중 작은 쪽의 유전자 빈도   (권순욱 외, 2008)

대립유전자보다 부의 대립유전자 비율이 높게 나타났고, F값이 정의 값을 보여 우성유전자의 빈도가 높은 것으로 나타났으며, 후대에서 현미 천립중이 감소하는 방향으로 작용하였다(표 5-11).

C3G 함량은 유전자 간 상가적 분산(D)이 우성분산(H_1)에 비해 높게 나타나, 유전자의 상가적 효과가 우성효과보다 크게 나타났으며, 평균 우성 정도$[(H_1/D)^{1/2}]$가 0.69의 부분우성을 보였다. $H_2/4H_1$은 0.16으로 정의 대립유전자보다 부의 대립유전자 비율이 높게 나타났으며, 교배모본은 열성유전자에 비해 우성유전자를 3.8배 정도 많이 가지고 있었다. F값은 정의 값을 보여 우성유전자의 관여도가 높음을 보여 주는데, [그림 5-12 (b)]에서도 친품종이 원점에 가까이 많이 분포하였다.

현미 천립중과 C3G 함량의 상가적 효과에 의한 협의의 유전력은 각각 0.66, 0.70이었고, 우성적 유전효과를 포함한 광의의 유전력은 0.98로 높게 나타났다.

일반조합능력은 교배모본이 여러 가지 조합에서의 평균값으로 상가적 유전효과에 의해 주로 나타나고, 특정조합능력은 특정 교배조합의 평균능력에 대한 편차로서 유전자 간 우성효과 또는 상호 작용에 의해 나타난다.

현미 천립중과 C3G 함량에 대한 교배모본의 조합능력은 유전자 간 상가적 효과와 우성효과 모두 고도로 유의하게 나타났고, 모성효과를 포함한 정역효과도 일부 인정되었다. 특히 일반조합능력이 특정조합능력에 비해 월등히 큰 것으로 보아 교배모본이 가지는 유전자형의 상가적 효과가 우성효과에 비해 높게 나타났다(표 5-12). 이는 박 등(Park et al., 2000)이 교배조합에 따라 색소형질 유전자들의 활성과 상호 작용이 다를 가능성을 지적한 보고와 김 등(Kim et al., 2000)이 흑자색미 교배조합에 따라 C3G 함량변이가 있다는 보고를 입증하는 것으로 차후 다양한 유전자원을 평가하고, 이들이 보유한 유전자형의 상가적 효과를 통해 보다 높은 C3G 함량의 계통을 육성할 수 있을 것으로 평가된다.

현미 천립중은 교배모본의 일반조합능력 효과는 상해향혈나가 가장 높고, 흑진주벼와 C3GHi 벼가 낮게 나타났으며, 특정조합능력은 흑진주

표 5-12 현미 천립중과 C3G 함량의 조합능력 분산분석표

	현미 천립중		C3G 함량	
	MS	F	MS	F
GCA	108.39	246.20**	442,056	134.64**
SCA	21.86	49.66**	70,264	21.44**
Reciprocal	6.68	15.18**	18,649	5.68**
Error	0.44	3283		

**는 1% 유의수준에서 유의성이 인정됨을 의미함　　　　　　　　(권순욱 외, 2008)

벼/수원 425호, 수원 425호/C3GHi 벼 조합이 높은 반면, 상해향혈나/용금 1호, 상해향혈나/C3GHi 벼, 흑진주벼/용금 1호의 조합에서 가장 낮게 나타났다(표 5-13).

C3G 함량에 대한 교배모본의 일반조합능력 효과는 C3GHi 벼가 월등히 높은 반면, 흑진주벼, 수원 425호, 상해향혈나, 용금 1호는 모두 감소하는 방향으로 나타났다. 특정조합능력에서는 흑진주벼/용금 1호 조합이 가장 높았고, 흑진주벼/C3GHi 벼의 조합에서 가장 낮았다(표 5-14).

이상에서 5개 흑자색미 계통 및 품종의 이면교배 분석 결과 현미 천립

표 5-13 완전이면교배(5×5)에서 현미 천립중의 일반조합능력과 특정조합능력

품종명	일반조합능력	SCA				
		흑진주벼	수원 425호	상해향혈나	용금 1호	C3GHi 벼
흑진주벼	-2.03	-1.44	1.60	0.62	-1.65	0.87
수원 425호	1.36		-1.03	-0.80	-1.16	1.39
상해향혈나	2.21			3.86	-1.84	-1.84
용금 1호	0.33				4.50	0.15
C3GHi 벼	-1.86					-0.58

(권순욱 외, 2008)

표 5-14 완전이면교배(5×5)에서 C3G 함량의 일반조합능력과 특정조합능력

품종명	일반조합능력	SCA				
		흑진주벼	수원 425호	상해향혈나	용금 1호	C3GHi 벼
흑진주벼	-7.81	-54.32	56.87	41.54	92.92	-137.01
수원 425호	-66.89		7.12	-16.15	50.95	-98.78
상해향혈나	-103.92			65.22	-31.37	-59.25
용금 1호	-28.27				-62.43	-50.07
C3GHi 벼	206.90					345.11

(권순욱 외, 2008)

중과 C3G 함량변이의 유전양식은 유전자의 상가적 효과와 우성효과가 부분우성으로 작용하였고, 우성효과보다 상가적 효과가 높은 것으로 나타나 교배를 통한 C3G 고함유 품종육성이 가능하며, 일반조합능력이 우수한 C3GHi 벼를 모본으로 사용하는 것이 효과적일 것으로 판단된다. 현미 천립중은 C3G 함량과 유의한 부의 상관을 보여 단위면적당 C3G 함량만 높이기 위해서는 현미 천립중이 가볍고 호분층이 뚜꺼운 소립종을 육종재료로 활용하여야 효과적일 것으로 판단된다.

C3G 고함유 흑자색미 계통을 육성하기 위해 흑진주벼, 수원 425호, 상해향혈나, 용금 1호, C3GHi 벼 품종 및 계통들 간에 완전이면교배에서 얻은 20개 조합 F₁의 현미 천립중과 C3G 함량에 대한 diallel analysis 및 조합능력 분석 결과는 교배모본의 현미 천립중이 16.6(흑진주벼)~ 30.4g(상해향혈나)이고, 현미 100g당 C3G 함량은 C3GHi 벼가 흑진주벼의 5배 정도 높은 1,043.5mg으로 나타났다. 완전이면교배 결과 현미 천립중과 C3G 함량은 비대립 유전자 효과는 나타나지 않았고, 유전자의 상가적·우성적 유전효과만 인정되었다.

현미 천립중과 C3G 함량의 유전 양식은 두 형질 모두 상가적·우성적 효과에 의한 부분우성을 보였으며, 평균 우성 정도는 각각 0.80 및 0.69였다. 또한 교배모본에서 정의대립 유전자 비율이 높았으며, 우성친의 빈도가 높고, 후대에서는 감소하는 방향으로 작용하였다. 두 형질의 상가적 유전효과에 의한 협의의 유전력은 각각 0.66, 0.70이고, 광의의 유전력은 각각 0.98, 0.98로 높게 나타났다. 현미 천립중에 대한 일반조합능력 효과는 상해향혈나가 가장 높고 흑진주벼가 가장 낮았으며, 흑진주벼/수원 425호, 수원 425호/C3GHi 벼 조합의 특정조합능력 효과가 가장 높았다. C3G 함량에 대한 일반조합능력 효과는 C3GHi 벼가 가장 높고 상해향혈나가 가장 낮았으며, 흑진주벼/C3GHi 벼 조합에서 특정조합능력 효과가 가장 낮게 나타났다.

C3G 색소 생합성 관여 유전자 발현분석

C3G유전자 발현분석의 논문은 "Anthocyan content in rice is related to expression levels of anthocyanin biosynthetic genes"(2007)이다. 포장 혹은

표 5-15 생합성분석 품종 및 조합

	품종 및 조합		품종 및 조합
1	흑진주벼(P_1)	14	P_3/P_1
2	수원 425호(P_2)	15	P_3/P_2
3	상해향혈나(P_3)	16	P_3/P_4
4	용금 1호(P_4)	17	P_3/P_5
5	C3GHi 벼(P_5)	18	P_4/P_2
6	P_1/P_2	19	P_4/P_2
7	P_1/P_3	20	P_4/P_3
8	P_1/P_4	21	P_4/P_5
9	P_1/P_4	22	P_5/P_1
10	P_2/P_1	23	P_5/P_2
11	P_2/P_3	24	P_5/P_3
12	P_2/P_4	25	P_5/P_4
13	P_2/P_5		

(Kim, B. G. et al., 2007)

온실에서 키운 시료에서 개화 후 3주에 종자를 채취하여 RNA를 분리하였다. 사용한 종자는 〈표 5-15〉와 같다.

1 RNA 분리 및 cDNA의 합성

수확된 종자를 액체 질소를 이용하여 곱게 간 후 이 샘플 0.1mg에서 total RNA를 Qiagen사의 plant total RNA extraction kit를 이용해서 추출하여 실험을 수행하였다. total RNA에 함유될 수도 있는 genomic DNA를 제거하기 위해 RNase-free DNase를 이용하여 total RNA를 처리한 후 RNA binding column을 이용하여 genomic DNA가 제거된 RNA만 분리하였다. real time PCR를 위한 cDNA 합성은 Quantitect reversetranscription kit를 이용하였다.

안토시아닌의 생합성에 관여하는 phenylalanin lyase(PAL), chalcone synthetase(CHS), flavone 3-hydroxylase(F3H), dihydroflavonol 4-reductase(DFR), antocyanidine synthase(ANS) 유전자의 발현을 real time PCR를 이용하여 분석하였다. 사용한 primer들은 〈표 5-16〉과 같이 표시하였다.

표 5-16 안토시아닌 생합성 관여 유전자 PCR 분석

유전자	유전자 번호	Forward Primer	Reverse Primer
PAL	X16099	GGTCGTTCCCGCTCTACC	GGAACACCTTGTTGCACTCC
CHS	X89859	GGGATCTCGGACTGGAACTC	CTCATCCTCTCCTTGTCCA
F3H	XM_474226	AGGAGCCCATACTGGAGGAG	CTCCTTGGCCTTCTTCTTGA
DFR	Y07956	ACATGTTCCCGGAGTACGAC	TACCTGAACCTGAACCCGTG
ANS	Y07955	CTCTCCTGGGTCGTCTTCTG	GTTGCACGTGCTGCTTGAAT
ACT	X16280	ATGAAGATCAAGGTGGTCGC	GTACTCAGCCTTGGCAATCC

(Kim, B. G. et al., 2007)

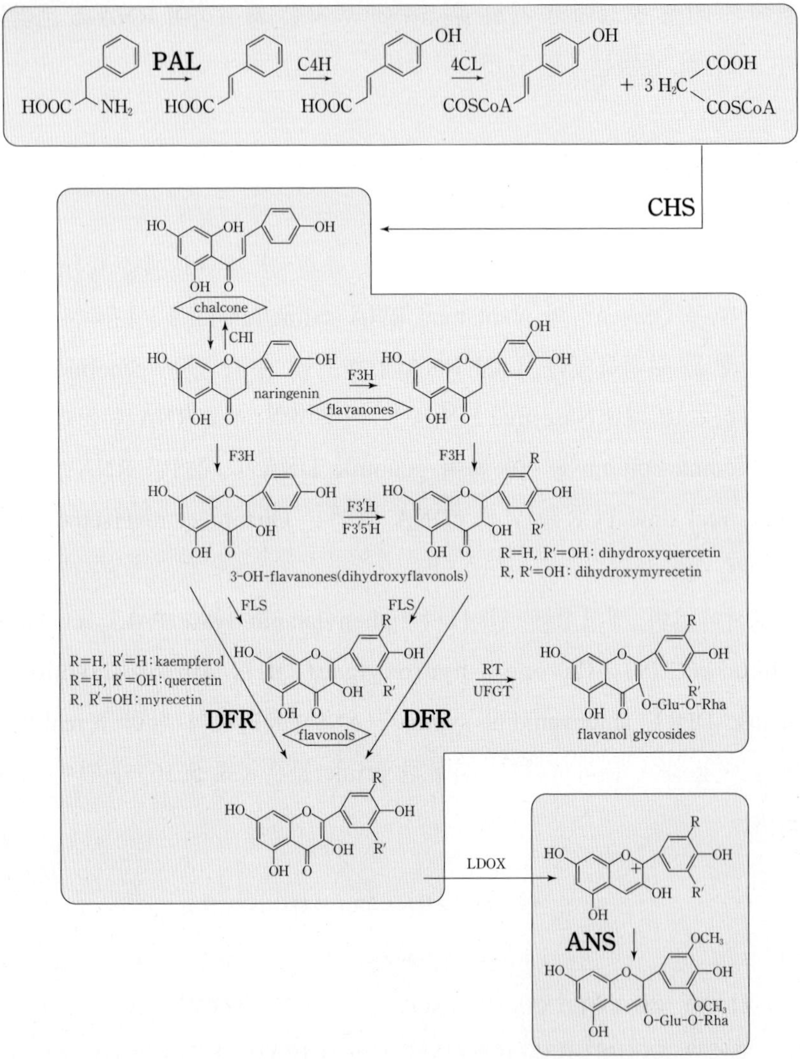

그림 5-13 안토시아닌의 합성경로 (Kim, B. G. et al., 2007)

real time PCR Hotstart DNA polymerase를 함유한 SYBRGreen PCR
Kit(Qiagen, Germany)를 이용하여 Rotor-Gene RG-3000A themocycler를

이용하여 real time PCR를 실시하였다. PCR는 95℃에서 15분간 hot start Taq DNA polymerase를 활성화한 후에 followed by 45 cycles of DNA denaturation을 위해 95℃에서 10초, primer annealing을 위해 60℃에서 15초, 그리고 DNA 증폭을 위해 72℃에서 20초 하는 것을 45사이클 반복하였다. PCR 과정의 특이성은 heat dissociation protocol로 검증하고, 각각의 PCR 산물들의 염기 서열을 결정하여 각 primer들의 특이성을 확인하였다. 얻어진 결과는 actin 유전자의 발현을 기준으로 하여 표준화하고, 각 유전자의 발현 정도는 각 유전자의 take-off 시간을 기준으로 하여 표시하였다.

C3GHi 벼와 일반벼의 각 조직에서 이들 유전자의 발현을 분석한 결과 일반벼보다 C3GHi 벼 품종의 안토시아닌이 축적되는 종실에서 CHS, F3H, DFR, 그리고 ANS의 발현이 현저히 증가함을 알 수 있었다.

또한 안토니아닌 합성 유전자의 발현은 온도와도 밀접한 관련이 있어서 생육온도가 높을수록 이 유전자들의 발현이 증가함을 알 수 있었다(그림 5-14). 개화일수가 지남에 따라, 즉 종자가 성숙해짐에 따라 안토시아닌 합성 유전자의 발현이 증가함을 알 수 있었다(그림 5-15).

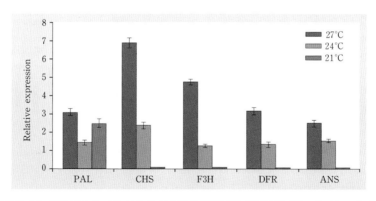

그림 5-14 생육온도에 따른 안토시아닌 합성 유전자의 발현분석 (Kim, B. G. et al., 2007)

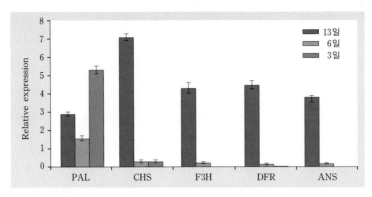

그림 5-15 개화 후 생육에 따른 안토시아닌 합성 유전자들의 발현분석 (Kim, B. G. et al., 2007)

2 흑진주벼를 모계로 사용한 품종에서 안토시아닌 발현분석

　포장과 온실에서 생육한 것들 중 온실에서 생육한 것에서 안토시아닌 합성 유전자의 발현이 높았다. 또한 모든 샘플은 흑진주벼 자체보다 안토시아닌 합성 유전자의 발현이 많음을 확인할 수 있었다. 온실에서 생육한 것에서 흑진주벼와 수원 425호의 교배종에서 전반적으로 안토시아

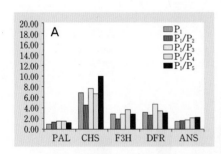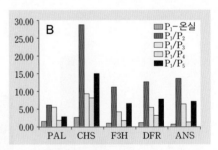

A : 포장에서 키운 개체, B : 온실에서 키운 개체〔PAL(phenylalanine lyase), CHS(chacone synthase), F3H(flavanone 3-beta hydroxylase), DFR(dihydroflavonol reductase), ANS(anthocyanin synthase)〕

　그림 5-16 흑진주벼 및 그의 교배종들의 안토시아닌 합성 유전자 발현분석

닌 합성 단계에 있는 유전자의 발현이 10배 이상 많음을 알 수 있었다(그림 5-16). 또한 흑진주벼와 C3GHi 벼의 교배종에서도 비교적 안토시아닌 합성 단계에 있는 유전자의 발현이 높음을 알 수 있었다.

③ 수원 425호를 모계로 사용한 품종에서 안토시아닌 발현분석

이 교배는 대부분 포장에서 자란 품종에서 발현이 많음을 알 수 있다. 또한 수원 425호와 상해향혈나, 그리고 수원 425호와 C3GHi 벼의 교배종에서 안토시아닌 합성 유전자들의 발현이 많음을 알 수 있었다(그림 5-17). 그러나 수원 425호와 용금 1호 교배종에서는 안토시아닌 관련 유전자들의 발현이 감소됨을 확인할 수 있었다.

④ 상해향혈나를 모계로 사용한 품종에서 안토시아닌 발현분석

포장에서 키운 개체가 안토시아닌 합성 유전자의 발현이 더 높았다. 포장에서 키운 모든 교배종들에서는 상해향혈나보다 안토시아닌 합성

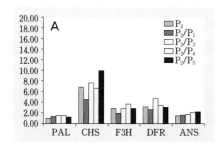 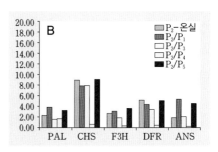

A : 포장에서 키운 개체, B : 온실에서 키운 개체〔PAL(phenylalanine lyase), CHS(chacone synthase), F3H(flavanone 3-beta hydroxylase), DFR(dihydroflavonol reductase), ANS (anthocyanin synthase)〕

그림 5-17 수원 425호 및 그의 교배종들의 안토시아닌 합성 유전자 발현분석

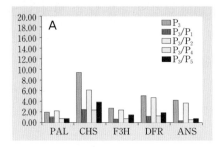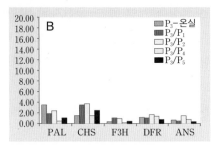

A : 포장에서 키운 개체, B : 온실에서 키운 개체[PAL(phenylalanine lyase), CHS(chacone synthase), F3H(flavanone 3-beta hydroxylase), DFR(dihydroflavonol reductase), ANS (anthocyanin synthase)]

그림 5-18 상해향혈나 및 그의 교배종들의 안토시아닌 합성 유전자 발현분석

유전자들의 발현이 감소됨을 알 수 있었다(그림 5-18). 그러나 온실에서 생육된 상해향혈나와 수원 425호의 교배종은 상해향혈나보다 안토시아 닌 유전자들의 발현이 높음을 알 수 있었다.

5 용금 1호를 모계로 사용한 품종에서 안토시아닌 발현분석

온실에서 키운 용금 1호와 수원 425호의 교배종에서 안토시아닌 합성 유전자의 발현이 5배 이상 높음을 알 수 있었다. 이는 포장과 온실에서 동시에 관측되었다. 반면 용금 1호와 상해향혈나의 교배에서는 안토시 아닌 합성 유전자의 발현이 낮음을 알 수 있었다(그림 5-19).

6 C3GHi 벼를 모계로 사용한 품종에서 안토시아닌 발현분석

C3GHi 벼와 수원 425호, 그리고 C3GHi 벼와 흑진주벼의 교배종들 중 온실에서 생육한 것에서 안토시아닌 합성 관련 유전자의 발현이 많이 일 어남을 알 수 있었다(그림 5-20).

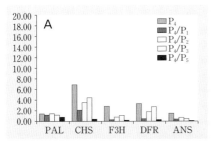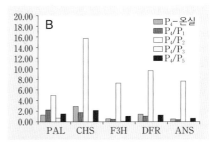

A : 포장에서 키운 개체, B : 온실에서 키운 개체[PAL(phenylalanine lyase), CHS(chacone synthase), F3H(flavanone 3-beta hydroxylase), DFR(dihydroflavonol reductase), ANS(anthocyanin synthase)]

그림 5-19 용금 1호 및 그의 교배종들의 안토시아닌 합성 유전자 발현분석

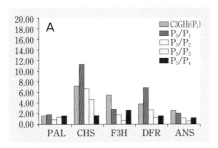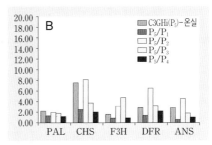

A : 포장에서 키운 개체, B : 온실에서 키운 개체[PAL(phenylalanine lyase), CHS(chacone synthase), F3H(flavanone 3-beta hydroxylase), DFR(dihydroflavonol reductase), ANS(anthocyanin synthase)]

그림 5-20 C3GHi 벼 및 그의 교배종들의 안토시아닌 합성 유전자 발현분석

이상의 결과를 요약하면 개화 후 13일까지 일수 증가에 따라 안토시아닌 합성 유전자 발현이 증가하였다. 또한 생육조건(포장과 인공기상실)에 따라 안토시아닌 합성 유전자의 발현 양상이 달랐다. 교배조합에 따라서 모본보다 안토시아닌 합성 유전자의 발현이 높은 것을 확인할 수 있었다. 흑진주벼/수원 425호 교배조합에서 안토시아닌 합성 유전자의 발현이 증가함을 확인할 수 있었다. 안토시아닌 함량이 높은 흑자색미

(1500mg/100g 현미)는 낮은 것(500mg/100g 현미)과 비교하여 PAL의 양에는 차이가 없으나 CHS는 약 70배, DFR는 100배 이상, ANS는 2,000배 가까이 증가하는 것으로 나타났다. 따라서 흑자색미의 안토시아닌 생합성 경로에서 CHS, DFR, ANS 효소유전자들의 발현이 안토시아닌 함량과 상관관계가 있음을 확인할 수 있다.

6 잡종후대 조 · 만생군의 C3G와 P3G 함량변이

안토시아닌 고함유 흑자색미 품종육성에 필요한 정보를 얻을 목적으로 5개의 흑자색미 품종을 상호 교배한 잡종세대에서 조생군과 만생군에 따른 C3G와 P3G 함량의 변이 및 조만성과 색소 함량 간의 관계를 검토하였다(박순직 외, 2002).

1 공시재료

본 실험에 사용한 흑자색미는 흑진주벼, 길림흑미, 수원 425호, 흑남벼, 그리고 상해향혈나 등 5개 품종이다. 공시된 품종들을 상호 교배하여 흑자색미/흑자색미 조합을 만들고, 각 조합의 양친, F_1, F_2, F_4, 및 F_5를 공시하였다(표 5-17).

표 5-17 교배조합과 전개세대

교배조합	전개세대
흑진주벼/길림흑미	모본 · 부본, F_1, F_2
흑진주벼/흑남벼	모본 · 부본, F_1, F_2
흑남벼/흑진주벼	모본 · 부본, F_1, F_2
흑진주벼/상해향혈나	모본 · 부본, F_1, F_2
상해향혈나/흑진주벼	모본 · 부본, F_1, F_2
흑진주벼/수원 425호	모본 · 부본, F_1, F_2, F_4, F_5

(박순직 외, 2002; Kim, H. Y., 2000)

여러 세대를 한 해에 동시에 공시하기 위해서 1996년부터 2000년까지 매 해 같은 교배를 반복하였다. 즉, F_5는 1996년도에 교배한 종자를 전개하여 선발된 것이고, F_4와 F_2 역시 각각 1997년과 1999년에 교배한 종자를 전개한 것이며, F_1은 2000년도에 교배한 종자이다.

분리세대의 개체별 조만성은 7월 30일 이전에 출수하는 개체는 조생, 8월 20일 이후에 출수하는 개체는 만생으로 구분하였다. 한편 C3G 함량은 개체에 따라 큰 차이를 보였는데 300mg(100g 현미)과 600mg(100g 현미)을 기준으로 300 미만을 저(low), 300~600을 중(intermediate), 600 이상을 고(high)로 분류하여 조만성과 C3G 함량 간의 관계를 조사하였다. P3G는 5mg(100g 현미)과 10mg(100g 현미)을 기준으로 저 · 중 · 고로 구분하였다.

2 흑진주벼/흑자색미 조합 F_1 및 F_2의 조생과 만생에 따른 C3G 및 P3G 함량변이

공시한 흑자색의 유색미 흑진주벼, 길림흑미, 흑남벼, 상해향혈나, 수

표 5-18 교배조합 모본·부본의 C3G 함량과 출수 특성

품종명	종피색	출수기		C3G (mg/100g 현미)	P3G (mg/100g 현미)
		출수일	출수 특성		
흑진주벼	검정색	7. 25	조생	405±61	5.84±0.63
길림흑미	검정색	7. 30	조생	331±65	6.42±0.72
흑남벼	검정색	8. 20	만생	116±86	4.29±1.12
상해향혈나	검정색	8. 30	만생	70±42	3.50±1.29
수원 425호	검정색	8. 15	중생	170±78	

(박순직 외, 2002)

원 425호의 출수기 및 C3G와 P3G 함량은 〈표 5-18〉에 제시하였다.

흑진주벼와 길림흑미, 흑남벼, 상해향혈나를 각각 교배하여 얻은 5개 조합의 양친, F_1과 F_2에서 조생과 만생에 따른 C3G와 P3G 함량의 변이를 〈표 5-19〉와 〈표 5-20〉에 각각 표시하고, 그들 집단의 평균을 [그림 5-21]에 표시하였다. 흑진주벼/길림흑미 교배조합에서 F_1의 평균 C3G 함량은 408mg(100g 현미)으로 흑진주벼 405mg(100g 현미)과 비슷한 수준이었다. F_2에서 조생인 경우는 평균 383mg(100g 현미)으로 길림흑미 383mg(100g 현미)과 흑진주벼의 중간 정도에 연속분포한 반면, 만생의 경우는 평균 626mg(100g 현미)으로 흑진주벼보다도 높은 수준에서 분포하였다.

흑진주벼와 흑남벼는 정역교배를 하였는데, 두 교배조합에서 모두 F_1의 평균 C3G 함량이 흑진주벼보다 높은 781~784mg(100g 현미) 수준을 보임으로써 정역교배에 의한 차이가 나타나지 않았다. 2개의 흑진주벼와 흑남벼 조합에서도 F_2의 경우 조생인 경우보다 만생인 경우에 평균 C3G 함량이 높게 나타났다.

흑진주벼와 상해향혈나 조합도 정역교배를 하였다. 흑진주벼를 자방

표 5-19 4개 흑진주벼 교배조합의 F_1과 F_2 세대의 C3G 함량 빈도분포

구분	세대	조만성	0~100	100~200	200~300	300~400	400~500	500~600	600~700	700~800	800~900	900~	계	평균
흑진주벼	P_1	7. 25				9	8	1					18	405±61
길림흑미	P_2	8. 30			5	9	2						16	331±65
흑남벼	P_3	9. 20	5	2	2								9	116±86
상해향혈나	P_4	9. 30	8	2									10	70±42
P_1/P_2	F_1	7. 27			5	3	5	4	1				18	408±120
	F_2	조생		1	1	5	8						15	383±89
		만생			1	5	4	1	1	1	2	6	21	626±264
P_1/P_3	F_1	8. 21					2	1	3	3	8	4	21	781±157
	F_2	조생	1	1	6	3	1	1	1				14	350±203
		만생			1	2	3	3	3	1	1	1	15	523±231
P_3/P_1	F_1	8. 23				1		5	1	4	5		16	784±142
	F_2	조생	3	5	3	4							15	214±108
		만생		2	2	5	4	2					15	363±124
P_1/P_4	F_1	8. 29					2	4	6	9	3		24	671±115
	F_2	조생	2	1	3	5	3						15	290±129
		만생				2	4	1	1	1		2	12	553±265
P_4/P_1	F_1	8. 30				3							3	581±253
	F_2	조생	3	4	2	4	1	2					16	262±166
		만생	2	2	2	1	3	2	2				14	390±238

(박순직 외, 2002)

표 5-20 4개 흑진주벼 교배조합의 모본·부본 F_1, F_2의 P3G 함량의 빈도분포

구분	세대	조만성	P3G 함량 (mg/100g 유색종자)								계	평균
			0~2.5	2.5~5.0	5.0~7.5	7.5~10.0	10.0~12.5	12.5~15.0	15.0~17.5	17.5~20.0		
흑진주벼	P_1	7. 25		1	17						18	5.84±63
길림흑미	P_2	8. 30		1	14	1					16	6.42±0.76
흑남벼	P_3	9. 20		8	1						9	4.29±1.12
상해향혈나	P_4	9. 30		9	1						10	3.50±1.29
P_1/P_2	F_1	7. 27		6	8	4					18	5.46±1.98
	F_2	조생		1	13	1					15	6.22±0.98
		만생			10	3	2	4	2		21	9.53±3.55
P_1/P_3	F_1	8. 21			2	12	7				21	9.84±2.72
	F_2	조생		9	4	1					14	5.04±1.61
		만생		3	7	5					15	6.51±1.96
P_3/P_1	F_1	8. 23		1	10	5					16	10.09±1.32
	F_2	조생	14	1							15	3.78±0.90
		만생	6	9							15	5.36±1.10
P_1/P_4	F_1	8. 29			1	4	15	4			24	11.07±1.79
	F_2	조생		5	8	2					15	8.32±3.14
		만생		2	4	2	2	2			12	5.61±1.77
P_4/P_1	F_1	8. 30					3				3	11.51±2.21
	F_2	조생		8	7	1					16	4.89±1.63
		만생		4	6	4					14	6.6±2.43

(박순직 외, 2002)

친으로 한 조합의 경우 F_1의 평균 C3G 함량은 671mg(100g 현미)이었고, 화분친인 경우는 581mg(100g 현미)으로 두 조합 모두 F_1의 평균 C3G 함량은 흑진주벼의 405mg(100g 현미)보다 높게 나타났다. 이 조합들에서도 F_2의 경우 조생인 경우보다는 만생인 경우에 평균 C3G 함량이 높은 것으로 조사되었다.

흑자색미의 안토시아닌은 구조유전자 C와 A의 보족작용으로 합성되고 조절유전자 Pl^w에 의하여 종피에 착색되는 것으로 알려져 있다(Kinoshita, 1984 ; Reddy et al., 1995). 그런데 흑진주벼와 흑남벼, 흑진주벼와 상해향혈나 조합들에서 F_1의 평균 C3G 함량은 흑진주벼/길림흑미 조합 F_1의 평균 C3G 함량보다 훨씬 높은 것으로 나타났다. 이와 같은 결과는 출수의 조만성과 관계가 있는 것으로 보이는데, 공시된 모든 조합에서 조생인 경우보다 만생인 경우에 평균 C3G 함량이 높게 나타난 사실이 이를 뒷받침하고 있다.

많은 연구 결과를 통해 안토시아닌 생합성 경로와 관여 유전자들에 대한 정보는 자세하게 밝혀져 있다(Suzuki et al., 2000). [그림 5-13]에서와 같이 P3G는 C3G로부터 합성된다. 따라서 P3G의 함량에는 기질인 C3G의 함량이 중요한 요인으로 작용한다고 볼 수 있다. 공시된 흑자색미 품종 간 교배조합들에서 흑자색에 함유된 P3G의 경우는 그 함량이 매우 낮은 것으로 나타났으며, 교배모본 및 잡종세대의 함량변이는 C3G 변이와 매우 유사하였다.

공시된 각 조합의 F_2에서 조만성과 C3G 함량 간의 관계를 확인하기 위하여 각 개체를 조생과 만생으로 분류하고, 색소 함량에 따라서 저·중·고로 분류하였다. C3G 함량에 따른 분류는 흑진주벼의 C3G 함량의 분포[300~600mg(100g 현미)]를 기준으로 이 범위보다 낮은 것은 저함량 그룹, 높은 것은 고함량 그룹으로 분류하였으며, P3G는 5~10mg(100g 현미)을 기준으로 저·중·고 그룹으로 분류하였다. 이와 같은 분류기준으로 조만성과 C3G 및 P3G 함량 간의 관계를 조사한 결과(표 5-18~19) 상해향혈나/흑진주벼 조합의 경우를 제외한 모든 조합에서 조만성과 안토시아닌 색소 C3G 및 P3G 함량은 서로 독립적이지 않은 것으로 나타났다. 그러나 상해향혈나/흑진주벼 조합에서도 조생인 경우보다는 만생의 경우에 C3G와 P3G 함량이 높은 개체가 더 많이 분리하였다(표 5-21~22).

표 5-21 4개 흑진주벼 교배조합 F_2에서의 조만성과 C3G 함량의 상관

교배조합	조만성	C3G (mg/100g 유색종자)					x^2
		Mean± SD	낮음	중간	높음	개체수	
흑진주벼/길림흑미	조생	383±89	2	13	0	15	10.003
	만생	626±264	1	10	10	21	
흑진주벼/흑남벼	조생	350±203	8	5	1	14	9.685
	만생	523±231	1	8	6	15	
흑남벼/흑진주벼	조생	214±108	11	4	0	15	13.049
	만생	363±124	2	7	6	15	
흑진주벼/상해향혈나	조생	290±129	7	8	0	15	11.880
	만생	533±265	0	7	5	12	
상해향혈나/흑진주벼	조생	262±166	9	7	0	16	2.555
	만생	390±238	6	6	2	14	

(박순직 외, 2002)

표 5-22 4개 흑진주벼 교배조합 F_2에서의 조만성과 P3G 함량의 상관

교배조합	조만성	P3G(mg/100g 유색종자)					x^2
		Mean±SD	낮음	중간	높음	개체수	
흑진주벼/길림흑미	조생	6.22±0.98	1	14	0	15	8.267
	만생	9.53±3.55	0	13	8	21	
흑진주벼/흑남벼	조생	5.04±1.61	9	5	0	14	4.243
	만생	6.51±1.96	3	12	0	15	
흑남벼/흑진주벼	조생	3.78±0.90	14	1	0	15	9.600
	만생	35.36±1.10	6	9	0	15	
흑진주벼/상해향혈나	조생	5.61±1.77	5	10	0	15	6.027
	만생	8.32±3.14	2	6	4	12	
상해향혈나/흑진주벼	조생	4.89±1.63	8	8	0	16	1.429
	만생	6.61±2.43	4	10	0	14	

(박순직 외, 2002)

3 수원 425호/흑진주벼 조합 F_1, F_2, F_4, F_5의 조생과 만생에 따른 C3G 및 P3G 함량과의 관계

수원 425호/흑진주벼 조합의 양친, F_1, F_2, F_4 및 F_5에서 조생과 만생에 따른 C3G 및 P3G 함량의 분포와 평균은 각각 〈표 5-23〉, 〈표 5-24〉, [그림 5-21]에 나타내었으며, 그중 F_4와 F_5는 계통 내에서 조생과 만생이 분리하는 것이다.

수원 425호는 상해향혈나와 천마벼 간의 교배를 통해 육성된 계통으로 평균 C3G 함량은 170mg(100g 현미)이었으며, F_1의 평균은 수원 425호와 흑진주벼 사이인 359mg(100g 현미)이었다. F_2에서 조생은 평균

표 5-23 수원 425호와 흑진주벼 조합에서의 모본·부본, F_1, F_2, F_4, F_5에서의 C3G 함량 빈도분포

구분	세대	조만성	C3G 함량 (mg/100g 유색종자)											개체수	평균
---	---	---	0~100	100~200	200~300	300~400	400~500	500~600	600~700	700~800	800~900	900~1000	1000		
수원 425호		8.15	1	7	1	1								10	170±78
흑진주벼		7.25				9	8	1						18	405±61
수원 425호/흑진주벼	F_1	8.18			3	4			1					8	359±145
	F_2	조생	1		3	6		3				1		15	416±222
		만생		1	5	2	1		1	1				11	408±246
	F_4	조생	11	9	17	15	7	11	5	1			2	78	352±255
		만생	1	2	3	7	11	8	4	5	7	1	6	558	602±287
	F_5	조생	6	2	9	34	32	11	6	9	2	6	17	134	566±350
		만생			4	9	6	13	10	13	8	10	20	93	760±307

(박순직 외, 2002)

416mg(100g 현미), 만생은 평균 408mg(100g 현미)으로 조생과 만생이 서로 비슷한 분포를 보였다. 그러나 F_4에서는 조생인 경우보다 만생인 경우에 C3G 함량이 높은 개체들이 더 많이 분리하였으며, 전체 평균도 약 200mg 정도 만생이 조생보다 더 높은 것으로 나타났는데, F_5에서도 같은 경향이었다. 또한 P3G의 경우도 비슷한 경향이었다.

각 세대별로 조만성과 C3G 및 P3G 함량 간의 독립성 여부를 검토한 결과 F_2에서는 서로 독립적인 것으로 나타났으나, F_4와 F_5에서는 조만성과 C3G 및 P3G 함량이 서로 독립적이지 않은 것으로 나타났다(표 5-25~26).

이와 같은 결과만으로 조만성과 C3G 함량이 서로 연관되어 있다고 확정할 수는 없지만 연관되어 있다면 아주 약하게 연관되어 있는 것으로 보인다.

표 5-24 수원 425호와 흑진주벼 교배조합에서의 모본·부본, F_1, F_2, F_4, F_5 에서의 P3G 함량 빈도분포

구분	세대	조만성	P3G 함량 (mg/100g 유색종자)								개체수	평균
			0~2.5	2.5~5.0	5.0~7.5	7.5~10.0	10.0~12.5	12.5~15.0	15.0~17.5	17.5~20.0		
수원 425호		8.15		8	2						10	4.70±1.00
흑진주벼		7.25		1	17						18	5.84±0.63
수원 425호/ 흑진주벼	F_1	8.18			3	4					8	7.29±2.36
	F_2	조생		1	8	4	1		1		15	7.33±2.98
		만생		3	5	1	2	1			11	6.90±2.82
	F_4	조생		28	26	12	7	4	1		78	6.61±3.12
		만생		3	18	8	15	10		1	558	9.42±3.38
	F_5	조생		13	50	31	21	18	1		134	8.32±2.98
		만생			18	30	30	11	4		93	10.01±2.60

(박순직 외, 2002)

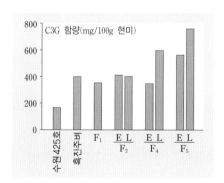

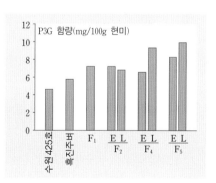

E : 조생종, L : 만생종

그림 5-21 수원 425호와 흑진주벼 조합에서의 C3G(왼쪽)와 P3G(오른쪽) 함량 비교

(박순직 외, 2002)

표 5-25 수원 425호와 흑진주벼 조합의 잡종세대에서 C3G 함량과 조만성의 독립성 검정

세대	조만성	C3G 함량(mg/100g 유색종자)			개체수	x^2
		~300	300~600	600~		
F_2	조생	4	7	4	15	2.101
	만생	6	3	2	11	
F_4	조생	37	33	8	78	27.277**
	만생	6	26	23	55	
F_5	조생	17	77	40	134	28.815**
	만생	4	28	61	93	

**는 1% 유의수준에서 유의성이 인정됨을 의미함   (박순직 외, 2002)

표 5-26 수원 425호와 흑진주벼 조합의 잡종세대에서 P3G 함량과 조만성의 독립성 검정

세대	조만성	P3G 함량(mg/100g 유색종자)			개체수	x^2
		~5	5~10	10~		
F_2	조생	1	13	1	15	2.638
	만생	3	8	0	11	
F_4	조생	28	45	5	78	19.194**
	만생	3	41	11	55	
F_5	조생	13	102	19	134	9.578**
	만생	0	78	15	93	

**는 1% 유의수준에서 유의성이 인정됨을 의미함   (박순직 외, 2002)

수원 425호/흑진주벼 조합에서 F_4와 F_5는 각각 1997년과 1996년도에 교배하여 C3G 함량이 높은 개체를 선발하여 매년 전개한 것이다. 그 결과 F_4와 F_5에는 C3G 함량이 1,000mg(100g 현미)보다 높은 개체가 분리하는 것을 확인하였다. [그림 5-22]는 실제 선발을 통하여 고함량의 F_5 계

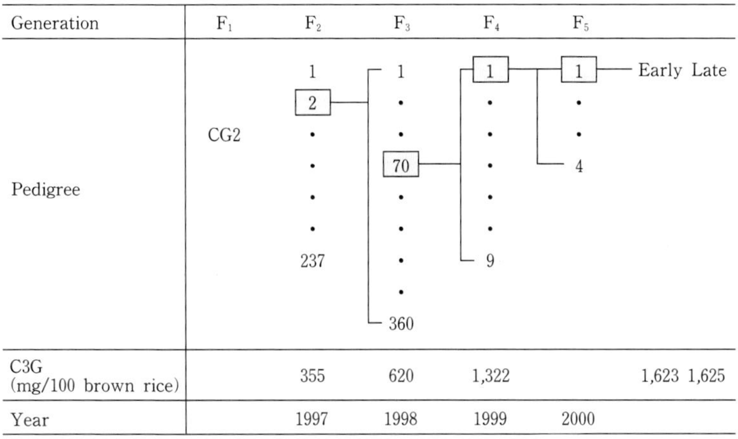

Generation	F_1	F_2	F_3	F_4	F_5	
Pedigree	CG2	1 — [2] · · · · · 237	1 · · [70] · · · · — 360	[1] · · · · · 9	[1] — 4	[1] — Early Late
C3G (mg/100 brown rice)		355	620	1,322		1,623 1,625
Year		1997	1998	1999	2000	

그림 5-22 C3G 고함유 계통선발 계보도 (박순직 외, 2002)

통을 선발한 예이다. 1996년에 교배한 종자를 1997년에 전개하여 그중 C3G 함량이 355mg인 개체를 선발한 후 전개와 선발을 매년 반복한 결과 C3G 함량이 620mg, 1,322mg으로 해마다 증가하였고, 2000년의 F_5에서는 1,600mg 이상의 개체를 선발할 수 있었다. 이러한 결과는 선발을 통해 안토시아닌 함량이 높은 품종의 육성 가능성을 시사한다고 할 수 있다(Park, S. Z. et al., 2000).

이 연구를 통하여 흑자색의 유색미 간 교배조합에서 조생인 경우보다 만생인 경우에 C3G 함량이 더 높다는 사실을 확인하였다. 이와 같이 조만성에 따른 C3G 함량이 차이를 보이는 이유를 검토하기 위해서는 우선 재배환경이 C3G 합성에 미치는 영향들이 밝혀져야 한다(박순직 외, 2002).

흑진주벼와 흑자색의 유색미(길림흑미, 흑남벼, 상해향혈나, 수원 425호) 간 교배조합의 잡종세대에서 조생과 만생에 따른 C3G 및 P3G 함량의 관련성을 검토한 결과를 요약하면 다음과 같다.

흑진주벼를 길림흑미 · 흑남벼 · 상해향혈나 · 수원 425호 등과 교배한 F_1의 C3G 및 P3G 함량은 흑진주벼 수준이거나 흑진주벼보다 월등히 높았다.

흑진주벼/수원 425호 조합 이외에 모든 조합의 F_2에서 만생군의 평균 C3G 함량은 조생군보다 높았으며, 조만성과 안토시아닌 색소 함량은 독립적이 아닌 것으로 나타났다.

흑진주벼/수원 425호 조합의 F_2부터 매 세대 고C3G 함유 개체를 선발하여 전개한 F_4와 F_5의 계통 내에서 만생개체의 평균 C3G 및 P3G 함량은 조생개체보다 높았으며, 조만성과 안토시아닌 색소 함량은 독립적이 아닌 것으로 나타났다. 흑진주벼/수원425호 조합의 F_5에서 조생과 만생 모두 1,000mg(100g 현미) 이상의 고C3G 함유 개체를 선발할 수 있었다.

제6장

C3G 색소 고함유 품종의 활성 및 기능 평가

현재까지 국내에서 재배되고 있는 흑자색미에는 C3G와 P3G가 주요 성분으로, 그 가운데 C3G의 함량이 다른 색소에 비해 특히 높다. 기능성 성분으로서 C3G의 특성은 매우 잘 알려져 있다. 특히 그 구조적 특징에서 오는 강력한 항산화 기능 중 ORAC(Oxygen Radical Absorbance Capacity)에서 14종의 안토시아닌 가운데 C3G가 가장 높은 활성을 보였다(Wang et al., 1997). 또한 항돌연변이(Yoshimoto, M. et al., 2001), 항암기능(Wang and Mazza, 2002), 콜레스테롤 저하능력(Auger et al., 2001) 등 기타 다른 여러 분야에서 우수한 기능성들이 밝혀지고 있다.

현재 쌀에서 확인된 안토시아닌은 cyanidin, peonidin, malvidin, pelargonidin, 그리고 delphinidin flavylium 이온과 이들의 배당체들이며, 이들은 α-토코페롤과 유사한 수준의 항산화 능력을 지니고 있다.

유색미 안토시아닌은 플라보노이드 성분으로 [그림 6-1]에서 보는 바와 같이 항산화 기능, 초기면역독성물질의 억제, 프로스타글란딘의 활성 억제를 통하여 항암기능을 하는 것으로 알려져 있다.

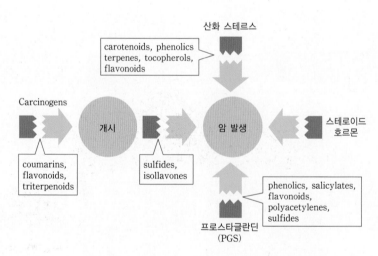

그림 6-1 유색미 플라보노이드 성분(안토시아닌)의 생리활성에 대한 모식도

C3G 색소 고함유 품종의 식품안정성

C3G 함량이 높은 쌀의 식품안정성을 평가하기 위해 흑진주벼의 색소 분획을 이용해 급성독성을 ICR계 생쥐를 대상으로 14일간 경구 투여하여 평가한 결과 대상 쥐 모두에서 안전성이 입증되었다.

또한 평균체중 19.91 ± 1.80kg의 돼지 15두를 대상으로 C3G가 함유된 쌀겨를 급여하여 생리학적 이용성을 평가한 결과 일반쌀겨, C3G 함유 쌀겨를 각각 2%와 4%로 첨가한 처리구 간 사양성적은 유의한 차이를 보이지 않았다. 그러나 C3G 쌀겨를 처리한 돼지가 일반쌀겨를 처리한 돼지에 비해 콜레스테롤과 중성지방 함량이 낮은 것으로 관찰되었고, 특히 C3G 쌀겨를 4%로 처리한 처리구에서 가장 낮았다. 항산화 능력의 지표라고 할 수 있는 GOP(glutamate oxaloacetate transaminase), GPT (glutamate pyruvate transminase) 수준도 C3G가 함유된 쌀겨를 먹인 처리구에서 낮았으나 통계적으로 유의하지는 않았다.

1 실험물질

동물시험을 위한 색소는 흑진주벼를 도정한 후 부산물로 나오는 쌀겨를 이용하여 [그림 6-2]와 같이 추출하여 사용하였으며 추출물의 C3G의 순도는 96%였다. 추출물을 4℃에 보관하면서 사용하였으며, 이 검체는 1% CMC에 현탁하여 사용하였다.

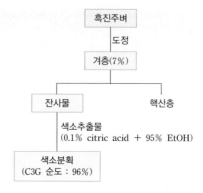

흑진주벼

│ 도정

겨층(7%)

잔사물 ──────── 핵산층

│ 색소추출물
(0.1% citric acid + 95% EtOH)

색소분획
(C3G 순도 : 96%)

그림 6-2 흑진주벼로부터 C3G 색소 분리 과정

2 시험동물 및 사육환경

시험구역은 서울대학교 약학대학 천연물과학연구소 실험동물실에서 실시하였다. ICR계 생쥐를 본 연구소에서 분양받아 실험동물실에서 1주일 이상 적응시킨 다음 실험에 사용하였다. 동물실 내의 명암은 12시간씩으로 자동조절했으며, 온도는 22~25℃를 유지토록 하였고, 삼양유지(주)의 사료와 정제수를 자유롭게 섭취하도록 하였다.

3 실험군 분리 및 투여용량의 설정

순화기간 중 건강하다고 판정된 동물에 대하여 체중을 측정하고 군 분리를 실시하였다. 동물의 개체식별은 태그 표시법으로 하여 경구로 투여하였다. 투여용량의 설정은 검체의 경우 최대 용량을 9g/kg으로 하여, 3개 용량군과 대조군으로 나누어 〈표 6-1〉과 같이 실험하였다. 실험동물의 체중범위는 수컷 21~27g 및 암컷 18~24g이었다.

표 6-1 실험에 사용된 실험동물의 수와 용량

처리구	경구 투입량 (g/kg)	용량 (ml/kg)	실험쥐(수) 암	실험쥐(수) 수
대조군	0	10	6	6
저	1.00	10	6	6
중	3.00	10	6	6
고	9.00	10	6	6

※ 1% CMC   (Kil, D. Y. et al., 2006)

4 시험물질의 조제 및 투여

이 검체의 경우 하룻밤 절식시킨 다음, 시험물질을 체중 kg당 10ml씩
투여되도록 1% CMC 용액에 현탁하여 제조하였으며, 대조군은 1%
CMC 용액만 경구로 투여하였다. 시험물질은 투여 직전에 제조하였으
며, 투여액량은 투여 직전의 체중에 따라 산출하고 1회 투여하였다.

5 관찰 및 검사항목

(1) LD50치
모든 시험동물에 대한 상태는 투여 당일은 투여 후 6시간까지 매 시간
관찰하였으며, 투여 익일부터는 14일까지 매일 1회씩 동물의 사망 발현
유무를 관찰하였다.

(2) 증상 관찰
모든 시험동물에 대한 상태는 투여 당일은 투여 후 6시간까지 매 시간

관찰하였으며, 투여 익일부터는 매일 1회씩 동물의 일반상태의 변화, 중독증상 및 사망 발현 유무를 관찰하였다.

(3) 체중 측정

경구 투여한 동물에 대해서는 시험물질 투여 직전과 투여 후 2일, 4일, 6일, 8일, 10일, 12일, 14일째에 체중을 측정하였다.

(4) 부 검

관찰기간 종료 후 모든 동물을 에테르로 마취하여 치사시킨 다음, 외관 및 내부 장기의 이상 유무를 육안으로 상세히 관찰하였다.

(5) 통계분석

체중측정의 결과 표시는 평균과 표준편차로 나타냈으며, 유의성 검정은 Student's t-test 및 Dunnett's t-test를 사용하였다.

6 폐사율, 중간치사량(LD50) 및 임상

검체를 생쥐에 1회 경구 투여한 결과는 〈표 6-2〉와 같으며 대조군 및 전체 시험물질 투여군의 암수 모든 동물군에서 사망 예는 발견되지 않았다. 따라서 중간치사량을 계산할 필요가 없었으며 최소치사량은 9,000mg/kg 이상의 경구 용량임을 알 수 있었다. 본 시험물질의 경구 투여 시 중간치사량(LD50)은 암수 모두 9,000mg/kg 이상이었다.

또한 시험 전 기간을 통하여 경구 투여 시 생쥐의 암수 모두에서 시험물질에 기인된 이상 소견은 발견되지 않았다.

표 6-2 흑진주벼 색소를 격렬하게 투여한 암수 생쥐의 사망률

성	섭취량 (mg/kg)	처리 후 시간						처리 후 일수													최종적인 치사량
		1	2	3	4	5	6	1	2	3	4	5	6	7	8	9	10	11	12	13	14	
수	0	0	0	0	0	0	0	0	0	0	0	0	0	0	0	0	0	0	0	0	0	0/6
	1,000	0	0	0	0	0	0	0	0	0	0	0	0	0	0	0	0	0	0	0	0	0/6
	3,000	0	0	0	0	0	0	0	0	0	0	0	0	0	0	0	0	0	0	0	0	0/6
	9,000	0	0	0	0	0	0	0	0	0	0	0	0	0	0	0	0	0	0	0	0	0/6
암	0	0	0	0	0	0	0	0	0	0	0	0	0	0	0	0	0	0	0	0	0	0/6
	1,000	0	0	0	0	0	0	0	0	0	0	0	0	0	0	0	0	0	0	0	0	0/6
	3,000	0	0	0	0	0	0	0	0	0	0	0	0	0	0	0	0	0	0	0	0	0/6
	9,000	0	0	0	0	0	0	0	0	0	0	0	0	0	0	0	0	0	0	0	0	0/6

(Kil, D. Y. et al., 2006)

7 체중변화와 부검소견

검체를 경구 투여하였을 때, 전 투여군의 암수 동물의 체중증가는 대조군에 비하여 유의성 있는 변화가 관찰되지 않았다(표 6-3). 투여 14일 후에 실시한 부검 결과, 전 투여군에서 본 시험물질의 투여에 기인한다고 사료되는 어떠한 유의할 만한 병변을 관찰하지 못하였다.

이상의 실험 결과를 보면 흑진주벼 색소추출물의 급성독성 실험에서 생쥐의 암수 모두 9,000mg/kg의 대량 경구 용량에서도 사용한 6마리가 모두 사망하지 않았으며, 투여군 모두의 경구 용량에서 14일간 측정한 체중변화는 대조군과 유의성 있는 변화를 관찰할 수 없었고, 증상의 이상도 관찰할 수 없었다. 또한 부검 결과도 특별한 외견상 이상도 발견되지 않았다.

따라서 흑진주벼의 C3G 색소추출물은 생체 내에서 안전성이 높은 물질임을 알 수 있었다.

표 6-3 흑진주벼 색소를 격렬하게 투여한 생쥐 암수의 체중변화

(g, 평균±SD)

성	섭취량 (g/kg)	생쥐의 수	처리 후 일수								증체량
			0	2	4	6	8	10	12	14	
수	0	6	32.7±1.7	35.8±1.5	36.3±1.6	36.2±1.4	36.8±1.5	38.1±1.2	37.8±1.3	37.8±1.5	5.1a*
	1.00	6	33.1±2.3	36.3±2.5	37.5±2.9	36.8±2.3	38.1±3.1	38.8±2.9	39.5±3.4	38.0±3.2	4.9a
	3.00	6	33.9±2.5	35.2±3.3	35.8±3.0	35.5±3.0	36.7±3.3	36.6±3.5	37.1±3.7	37.0±3.4	5.1a
	9.00	6	30.3±1.5	35.9±2.1	36.3±2.3	36.3±2.0	37.3±2.3	38.0±2.7	38.0±2.3	39.6±2.4	6.3a
암	0	6	26.3±3.8	26.9±2.4	27.5±3.3	26.9±3.2	27.6±3.0	27.8±2.7	28.2±3.8	28.0±3.1	1.7a
	1.00	6	24.8±1.3	25.9±1.4	26.6±0.9	26.1±1.5	27.8±1.3	27.1±1.0	27.6±1.9	27.2±1.8	1.8a
	3.00	6	26.0±1.3	26.3±1.3	27.3±2.1	26.7±1.2	27.8±2.0	27.9±2.2	28.1±2.4	27.8±2.2	1.6a
	9.00	6	24.8±1.3	26.2±1.6	25.8±1.8	25.6±1.8	26.9±1.8	26.1±1.9	27.2±2.0	26.8±2.1	2.0a

*는 5% 유의수준에서의 유의성이 인정됨을 의미함   (Kil, D. Y. et al., 2006)

2 항산화 활성

🔢 FTC 활성

본 실험에서 공시한 품종들의 항산화 능력을 FTC(ferric thiocyanate) 법을 이용하여 측정하였다. FTC법은 지질 산화의 초기단계 동안의 peroxide 수준을 측정하는 것으로 500nm에서 흡광도가 낮을수록 항산화 능력이 우수한 것으로 판단한다.

[그림 6-3]은 공시된 쌀 품종들의 에틸에테르(ethyl ether) 추출물에 대한 흡광도를 조사한 결과이다. 실험은 모두 3반복으로 수행하였는데, 모든 품종에서 비교구인 α-토코페롤과 유의한 차이를 보이지 않았다. 동일 품종의 80% 메탄올(MeOH) 추출물에 대한 결과도 에틸에테르 추출물과 같은 경향으로 나타났다(그림 6-4).

이와 같은 결과는 쌀 추출물에 함유된 서로 다른 극성의 미지의 화합물들이 산화억제제로서 작용한 것으로 추정할 수 있었다. 에틸에테르 추출물에는 γ-오리자놀과 토코페롤 등이 있고 이들의 항산화 기능은 매우 잘 밝혀져 있다(Osawa et al., 1992). 또한 80% 메탄올 추출물에 함유되어 있을 것으로 추정되는 하이드록실페놀 화합물들의 항산화 능력도 이미 검증되었다(Kim, M. C. and Pratt, 1993).

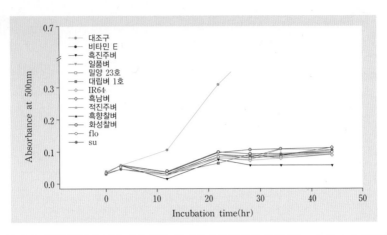

그림 6-3 FTC 방법에 의한 에틸에테르쌀 추출물의 항산화 활성 (Han, S. J. et al., 2004)

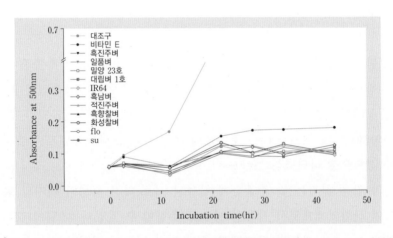

그림 6-4 FTC 방법에 의한 80% 메탄올쌀 추출물의 항산화 활성 (Han, S. J. et al., 2004)

2 환원력

본 실험에서 검체를 버퍼에 용해한 후 측정하는 것으로 에틸에테르쌀 추출물은 용해도가 좋지 않아 환원력을 측정할 수 없었다. 환원력에서는 흡광도가 높을수록 산화억제력이 높은 것으로 판단된다. 80% 메탄올 추

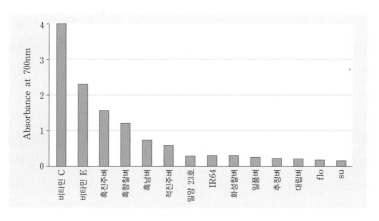

그림 6-5 80% 메탄올쌀 추출물의 환원력 (Han, S. J. et al., 2004)

출물의 흡광도를 조사한 결과 모든 공시품종에서 대조구인 비타민 C 및 비타민 E보다 낮은 항산화 능력을 나타내었으나 혼합물인 점에서 보면 그래도 높은 수준의 산화억제 능력을 보여 주고 있었다(그림 6-5). 또한 유색미 계열인 흑진주벼, 흑향찰벼, 흑남벼, 적진주벼의 80% 메탄올 추출물에서는 일반 백미에 비해 높은 능력을 확인할 수 있었다. 이러한 근거로 유색미 품종에는 일반 백미 계통에는 없는 기능성 화합물들이 존재하며(Asamarai et al., 1996), 이들이 서로 상보적으로 작용하여 높은 항산화 능력을 갖게 된 것으로 추정되었다. 실제로 흑자색 유색미에는 안토시아닌 색소가 다량으로 함유되어 있으며, 이들의 뛰어난 항산화 능력은 이미 많이 보고되어 있다(Tsuda et al., 1994 ; Kalt et al., 1999).

3 라디칼 소거능력

공시품종의 DPPH 라디칼 소거능력을 조사한 결과를 〈표 6-4〉에 제시하였다. 공시품종의 에틸에테르 추출물에서는 조사된 범위 내에서 DPPH를 50% 이상 제거하지 못하였으나 80% 메탄올 추출물에서는 효과가 나타났다. 특히 유색미 품종인 흑진주벼, 흑향찰벼, 흑남벼, 적진주벼에서는 약 7ppm 이하의 높은 라디칼 소거능력을 확인할 수 있었다.

표 6-4 유색미 추출물의 라디칼 소거능력 차이

품종명	종피색	n DPPH(ppm) 라디칼 소거능력(EC_{50})	
		에틸에테르 추출물	80% 메탄올 추출물
흑진주벼	검정색	> 120	< 5.0
흑남벼	검정색	> 120	7.08
흑향찰벼	검정색	> 120	< 5.0
적진주벼	갈색	> 120	< 5.0
추청벼	흰색	> 120	35.21
일품벼	흰색	> 120	62.89
밀양 23호	흰색	> 120	38.69
IR64	흰색	> 120	30.40
화성찰벼	흰색	> 120	34.18
대립벼	흰색	> 120	56.61
flo	흰색	> 120	76.11
su	흰색	> 120	> 120

(Han, S. J. et al., 2004)

근래에 들어 소득 수준의 향상과 함께 식생활 패턴의 서구화로 인해 비만증, 동맥경화증 등 식생활과 관련이 깊은 성인병의 발병이 증가하고 있다. 이에 따라 일반인들의 건강식품, 기능성 식품에 관한 관심이 크게 높아져 쌀의 경우에도 현미를 비롯하여 유색미, 향미 같은 특수미의 이용이 늘어나고 있다. 유색미의 경우 부산물인 쌀겨에 기능성 색소가 함유되어 있기 때문에 이를 효율적으로 활용하는 것은 쌀가공식품의 고급화 및 다양화 면에서나 환경보건적 차원에서 매우 중요한 일이다(박순직 외, 2006).

유색미 품종 중 흑자색미는 우리나라를 비롯하여 중국, 일본 등에서 건강식품으로 인식되어 왔다. 흑자색미에 속하는 품종은 흑진주벼, 길림흑미, 흑남벼 등이 재배되고 있다. 이들 흑자색미에 함유되어 있는 주성분은 안토시아닌 성분의 하나인 cyanidin 3-O-glucoside(C3G)로 밝혀졌다. 이 색소성분은 항산화 성분 및 항변이원성효과, 항염증효과, 심장질환 억제효과 등이 우수한 것으로 알려졌다(Higashi-okai et al., 2004).

본 연구는 흑진주벼, C3GHi 벼, 흑남벼 등 흑자색미와 일품벼, 추청벼, 동진벼 등 일반미 품종을 대상으로 하여 80% 메탄올 추출물에 대한 항혈전작용 및 항염작용의 활성을 검색하였다(박순직 외, 2006).

흑진주벼, C3GHi 벼, 흑남벼, 일품벼, 추청벼, 동진벼 등 6품종을 재료로 사용하였다. 시료는 현미 100g을 분쇄기로 마쇄한 후 80% 메탄올 용액 250ml를 가하여 색소가 거의 용출되지 않을 때까지 냉침하였으며, 색소 용출액을 감압농축하여 〈표 6-5〉와 같이 추출물을 얻었다.

표 6-5 시험재료 및 추출물

품종명	종피색	건물 무게(g)	80% 메탄올 추출물(g)
흑진주벼	검정색	106.3	3.2
C3GHi 벼	검정색	105.9	5.2
흑남벼	검정색	104.6	3.8
일품벼	흰색	103.5	2.9
추청벼	흰색	103.6	2.8
동진벼	흰색	102.7	2.7

(박순직 외, 2006)

항산화 작용은 DPPH(1-diphenyl-2-picryl hydrazyl) 활성에 전자를 공여하여 자유기를 소거하는 활성을 측정하였다. 다양한 농도의 시료를 DPPH 용액(200μM)에 첨가하고 상온에서 30분간 반응 후 잔존 DPPH의 흡광도를 515nm에서 microplate reader를 사용하여 측정하였다.

대조구로는 부틸하이드록시톨루엔(butylhydroxytoluene), 비타민 C 및 비타민 E(Sigma Co., USA)를 사용하였다. DPPH 라디칼 소거능력은 시료 첨가구와 비첨가구의 백분율로 표시하였으며, IC$_{50}$은 50% 소거능력을 나타내는 농도로 계산하였다.

DPPH scavening activity(%) = (1-시료 첨가구 OD/비첨가구 OD)×100

Hsieh의 방법(Hsieh, 1997)에 따라 항혈전활성을 트롬빈 시간(thrombin time)을 측정하여 평가하였다(Sohn et al., 2004). 트롬빈 시간은 37℃에서 0.5μM 트롬빈(Sigma Co., USA) 50μl와 20μM CaCl$_2$ 50μl, 다양한 농도의 시료추출액 10μl를 Amelung coagulometer KC-1A(Japan)의 튜브에 혼합하여 2분간 반응시킨 후 혈청 10μl를 가하여 혈장이 응고될 때까지 시간을 측정하였다. 이때 대조시약으로는 아스피린(Sigma Co.)을 사용하였으며, 용매대조군으로는 시료 대신 DMSO를 사용하였다. DMSO의 경우 32.1초의 응고시간을 나타내었다. 트롬빈 저해효과는 3회 이상 반복한 실험의 평균치로 나타내었으며 시료첨가 시의 응고시간을 용매대조군의 응고시간으로 나눈 값에 100을 곱하여 %로 나타내었다.

비만세포의 배양은 문 등(Moon et al., 1999)의 방법으로 male Balb/c mice로부터 채취한 골수세포를 50% enriched medium(RPMI 1640 containing 100 units/ml penicillin, 100mg/ml streptomycin, 10mg/ml gentamycin, 2mM L-glutamine, 0.1mM nonessential amino acids and 10% fetal bovine serum)과 50% WEHI-3 cell-conditioned medium을 사용하여 3주 이상 배양하여 95% 이상의 homogenous한 bone marrow-derived mast cell(BMMC)을 얻었다.

assay of PGD_2 Generation은 Chang 등(Chang et al., 1994)의 방법으로 BMMC를 1×10^6cells/ml 농도로 하여 자극제로는 100ng/ml KL(c-kit ligand), 100U/ml IL-10, 100ng/ml LPS를 처리하였다. COX-1의 활성의 측정은 시료를 일정 농도로 하여 37℃, 5% CO_2 조건에서 자극제를 가하고 2시간 후 배양 상등액 중에 생성되는 PGD_2의 생성량을 측정하였다. COX-2의 측정은 자극제를 가하여 8시간 동안 배양 후 PGD_2의 생성량을 측정하여 COX-2 활성으로 판정하였다. 이때 COX-2의 효소활성은 미리 10μg/ml 아스피린을 2시간 처리하여 COX-1을 불활성시킨 후 실험을 행하였다. 반응이 끝난 후 120×g, 4℃에서 5분간 원심분리하여 상등액을 PGD_2 생성량의 측정에 이용하였다. PGD_2는 PGD_2 enzyme immuno-assay kit(Cayman사)를 이용하여 측정하였다.

항균활성의 조사방법은 H. pylori균이 위점막 세포주인 AGS 셀라인에 부착하는 정도로 측정하는 방법과 평판디스크법에 의한 H. pylori균에 대한 직접적인 살균효과를 측정하는 방법으로 수행하였다(Kim et al., 2004). zone assay를 통해서 H. pylori균에 대한 직접적 항균활성을 조사하였으며, 이때 사용된 균으로는 공시균주인 *H. pylori* ATCC 43504 균주와 위염 환자로부터 분리되어 카톨릭의대 의과학연구소에서 분양받은 *H. pylori* COO1, *H. pylori* SEO 두 가지 균주 등 총 3개 균주에 대한 항균활성을 조사하였다.

체내에서 superoxide anion(O_2^-)이나 hydroxyl radical(OH·) 같은 활성산소종은 어느 면에서는 필수적인 방어수단이 될 수 있으나, 때로는 조직손상과 염증, 노화, 암, 동맥경화, 고혈압 및 당뇨병 같은 질병을 유발할 수 있다. 그리고 항산화 활성을 갖는 방어수단인 superoxide dismutase(SOD)나 catalase(CAT) 등은 효소적인 수단으로 중요하며, 비효소학적 수단으로서는 비타민 C, α-토코페롤, β-카로틴, 글루타티온(glutathione), 플라보노이드 등이 항산화제로서 잘 알려져 있다. 한편 세포독성이 적고 강한 항산화 효과를 나타내는 새로운 물질들을 천연으로부터 분리하려는 노력이 지속되어 왔다(박순직 외, 2006).

따라서 일상의 식생활을 통한 항산화물질의 섭취는 질병예방에 중요한 의미를 갖는다. 특히 식생활 관련 성인병이 증가하는 현실에서 최근 육성된 슈퍼자미벼 품종을 비롯한 흑자색미 품종의 기능성 평가는 매우 긴요한 일이다.

공시한 쌀 품종의 항산화 활성을 측정한 결과를 보면 〈표 6-6〉과 같다. 0.4mg/ml의 농도에서 C3GHi 벼, 흑진주벼, 흑남벼 추출물이 각각 73.25%, 50.38%, 46.79%의 우수한 자유라디칼 소거능력을 보였으며, 이러한 활성은 C3G 색소농도 의존성을 나타내었다. 이는 잘 알려진 항산화제인 BHT, 비타민 C 및 비타민 E의 0.05mg/ml의 농도에 상당하는 활성으로 쌀이 우수한 항산화 성분을 함유하고 있음을 의미한다.

특히 항산화 활성이 우수한 C3GHi 벼를 상대로 다양한 농도에서의 항산화 활성을 측정한 결과, 농도 의존적 항산화 활성을 확인하였다. 0.2mg/ml의 농도에서도 51% 정도의 DPPH 소거능력을 나타내어 BHT

표 6-6 유색미 메탄올 추출물과 항산화제의 항산화 활성 비교

성분 · 품종	안토시아닌 색소 C3G 함량 (mg/100g 유색미)	항산화 활성(%) 농도 (mg/ml)			항혈전 활성(%) 농도 (mg/ml)	
		0.0125	0.02	0.05	0.5	1.5
아스피린		–	–	–	136.20	297.15
BHT	–	20.25	34.12	48.94	–	–
비타민 C		27.32	48.15	76.72		–
비타민 E		43.52	79.11	96.36	–	–
		0.1	0.2	0.4	2.5	5.0
흑진주벼	380	12.74	27.30	50.38	103.31	448.24
C3GHi 벼	2,300	20.45	43.51	73.25	149.25	886.24
흑남벼	230	15.61	29.35	46.79	106.49	415.25
일품벼	–	7.66	13.35	22.28	–	120.54
추청벼	–	6.13	11.16	22.25	–	133.45
동진벼	–	4.74	11.02	20.44		110.49

(박순직 외, 2006)

의 0.20~0.40mg/ml 농도의 항산화 활성에 상당하였고, IC_{50}은 0.315mg/ml 로 확인되었다(그림 6-6).

조제된 쌀 추출물의 항혈전 활성을 측정한 결과를 보면 C3GHi 벼, 흑 진주벼, 흑남벼, 일반벼의 추출물에서 각각 886.24%, 448.24%, 415.25%, 120.54~110.49%로 나타나서 품종 간에 큰 차이가 있는 것으 로 확인되고 있다(표 6-6).

한편 2.5mg/ml의 농도에서는 유색미에서 103.31~166.49%의 활성을 나타내었다. 그리고 실제 혈액개선제로 사용되고 있는 아스피린은 1.5mg/ml의 농도에서 약 250~300%의 저해활성, 0.5mg/ml의 농도에서

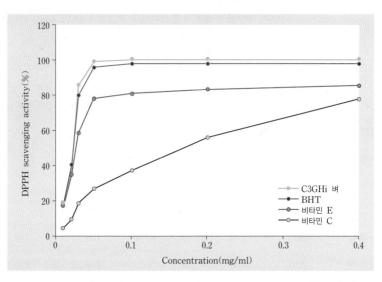

그림 6-6 **C3GHi 벼 추출물과 항산화제의 항산화 활성 비교(DPPH법)** (박순직 외, 2006)

136.20%의 활성을 나타내었다. 실험에 사용된 흑자색미 추출물이 정제되지 않은 상태임을 고려할 때 흑자색미 추출물의 항혈전 활성이 매우 강력함을 알 수 있다.

천연색소들은 LDL의 산화를 억제하여 동맥경화를 예방해 주며, 혈전을 억제하여 응집 과정에 관여하는 혈소판 응집을 방해하여 혈액순환을 용이하게 한다(Frankel, 1999). 과다한 혈액응고 이상으로 발생하는 다양한 혈전성질환에 매우 유용한 예방 및 치료제로 사용할 수 있는 트롬빈의 활성저해물질은 매우 중요하다.

메탄올 추출물에 대하여 혈액응고 저해활성을 Hsieh(1997)의 방법으로 트롬빈 시간을 측정한 결과는 〈표 6-7〉과 같다. 흑진주벼와 C3GHi 벼의 추출물만 3mg/ml 농도에서 각각 243.52%, 258.76% 정도의 트롬빈 저해활성을 확인할 수 있었다. 그러나 이들 흑자색미의 저해활성도 대조약물로 사용한 아스피린보다는 약하게 나타났다.

표 6-7 유색미 품종의 트롬빈 저해활성

품종명	트롬빈 시간(%)* 농도(mg/ml)		
	0.5	1.0	3.0
흑진주벼	113.24	138.35	243.52
C3GHi 벼	118.25	141.25	258.76
흑남벼	107.11	118.25	108.24
일품벼	103.51	108.73	110.85
추청벼	104.36	113.24	103.76
동진벼	102.35	114.25	104.72
아스피린	139.00	316.00	398.00

(박순직 외, 2006)

* DMSO의 트롬빈 시간은 32.1초였음

표 6-8 쌀 추출물의 Cyclooxygenase 저해활성

품종명	억제율(%)	
	COX-1	COX-2*
흑진주벼(검정색)	-85.0	8.0
C3GHi 벼(검정색)	-72.6	-7.4
흑남벼(검정색)	-70.6	-14.1
일품벼(흰색)	-119.0	-33.3
추청벼(흰색)	-98.3	-35.4
동진벼(흰색)	-100.4	-29.4

(박순직 외, 2006)

* 최종 농도 : 12.5μg/ml

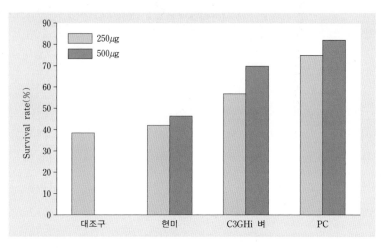

그림 6-7 *H. pylori*균의 AGS 셀라인에 대한 독성 (박순직 외, 2006)

본 실험에 공시한 흑자색미는 강한 항산화 활성을 나타내며, 이들 품종으로부터 얻은 추출물의 Cyclooxygenase에 대한 활성을 조사한 결과는 〈표 6-8〉과 같다.

공시 흑자색미 품종들을 비롯한 일반미의 COX-1과 COX-2에 대한 저해활성은 큰 차이를 나타내지 않았다. 〈표 6-7〉과 〈표 6-8〉에서 알 수 있듯이 C3GHi 벼를 비롯한 흑진주벼의 메탄올 추출물은 강한 항산화 활성과 약한 트롬빈 활성 저해작용을 나타낸 반면에 일반미에서 얻은 추출물은 이들 활성이 나타나지 않았다.

[그림 6-7]은 *H. pylori*균에 의해서 나타나는 AGS 셀라인에 대한 독성을 조사한 결과, 흑자색미 추출물은 250㎍과 500㎍ 처리군에서 모두 *H. pylori*균의 AGS 셀라인에 대한 부착을 억제하는 활성이 있는 것으로 판명되었으며, 일반미 추출물은 *H. pylori*균에 대한 억제작용이 없는 것으로 나타났다.

[그림 6-8]은 zone assay를 통해서 *H. pylori*균에 대한 직접적 항균활성을 조사한 결과이다. C3GHi 쌀 추출물은 200㎍/ml의 농도에서 ATCC

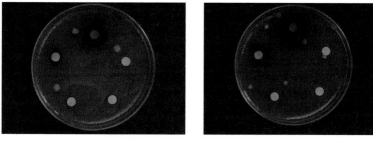

ATCC 43504   *H. pylori* COO1

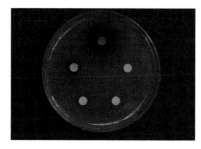

H. pylori SEO

그림 6-8 *H. pylori*균에 대한 C3GHi 쌀의 항균활성 (박순직 외, 2006)

43504 및 COO1 균주에 대해서 clear zone이 검출되어 항균활성이 있는 것으로 판명되었으나 SEO 균주에 대해서는 항균활성이 검출되지 않았다. SEO 균주와 COO1 균주는 모두 위염 환자로부터 분리된 *H. pylori* 균주이나 한 균주에서는 항균활성이 검출되고 다른 균주에서는 항균활성이 검출되지 않아 흑자색미 추출물의 *H. pylori*균에 대한 항균스펙트럼에 대해서 추가조사가 필요한 것으로 생각된다.

[그림 6-9]는 C3GHi 쌀의 항염활성과 관련하여 prostaglandin E2의 함량을 조사한 결과이다. [그림 6-9]에서 C3GHi 쌀 추출물은 음성대조군 대비 prostaglandin E2의 분비량을 감소시켜 항염활성이 있는 것으로 조사되었으나 현재까지 알려진 NSAIDs인 아스피린에 비해서는 그 활성이 낮은 것으로 나타났다.

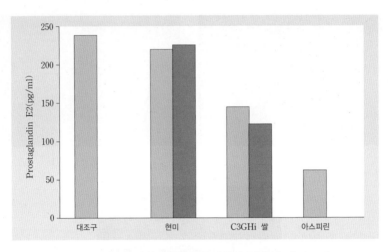

이상의 결과는 C3GHi 쌀의 기능적 우수성을 확인하고 기능성 쌀 개발의 가능성을 시사하며, 아울러 쌀 중심 식생활의 우수성을 입증한다고 볼 수 있다(박순직 외, 2006).

최근 노화 및 성인병 발병의 주된 원인의 하나로 활성산소(活性酸素)가 주범으로 지목받고 있다. 우리 몸에 필수적인 산소는 스트레스를 받으면 다양한 종류의 활성산소로 바뀐다. 대표적인 활성산소는 슈퍼옥사이드(-O²), 과산화수소(H_2O_2), 수산화기(· OH) 및 일중항산소($^1O_2$) 등이 있는데 유해산소(有害酸素)로 불린다. 활성산소에 의해 세포가 받는 스트레스를 일컬어 산화스트레스라고 한다. 이를 극복하기 위해 활성산소를 제거하거나 생성을 예방하는 물질이 항산화물질(抗酸化物質)이다.

천연항산화물질에는 다양한 종류의 분자량이 큰 항산화효소(단백질)와 분자량이 적은 항산화물질이 있다. 정상적인 대사 과정에서 일부 생성되는 활성산소는 자신이 가진 항산화물질로 제거될 수 있다. 과산화수소와 오존 등 소량의 활성산소는 질병에 대해 저항성을 갖게 하는 좋은 점도 있다.

그러나 과다한 스트레스로 인해 폭발적으로 생성되는 활성산소를 제때 제거하지 못하면 정상 세포에 치명적인 피해를 주며 심할 경우는 세포사멸(죽음)을 초래한다. 암을 포함한 인체 질병의 대부분은 과다한 스트레스에서 발생하는 활성산소가 원인이다. 이렇듯 고마운 산소가 때로는 매우 해로울 수 있다.

식물도 사람이나 동물처럼 생로병사를 거친다. 식물은 뿌리를 내리며 이동할 수 없다는 점에서 생존을 위해 다양한 종류의 항산화물질을 고농도로 생산하면서 적극적으로 진화해 왔다. 비타민 C는 우리 몸에서는 만들지 못하지만 모든 식물이 고농도로 생성하는 가장 대표적인 천연 항산화물질이다. 잘 알려진 항산화물질로는 비타민 E(토코페롤), 안토시아닌, β-카로틴, 폴리페놀이 있다. 종류는 다르지만 저분자 항산화물질을 많이 포함한 토마토, 적포도주, 마늘, 녹차, 당근, 호박은 노화와 질병을 예방하는 건강식품으로 알려져 있다. 최근 미국공익과학센터(CSPI)가 건강에 좋은 10가지 슈퍼음식을 발표하였다. 이들 식품은 종류는 다르지만 천연항산화물질을 많이 함유하고 있다는 특징이 있다. 시판되는 대부분의 건강식품에는 식물에서 추출한 항산화물질이 포함된다. 제철에 나는 신선한 채소와 과일을 골고루 먹으면 건강에 도움이 된다.

최근 연구에서 비타민 C를 적게 만드는 식물이 보통 식물에 비해 스트레스를 많이 받는다고 밝혀졌다. 이 점을 이용하면 식물세포에 항산화물질을 많이 만들어 나쁜 환경에서도 잘 자라는 식물을 개발할 수 있다.

식물은 광합성으로 우리에게 소중한 산소, 식량, 의약품, 산업소재를 효율적으로 생산하는 지구 상의 가장 고마운 공장(plant)이다. 환경변화에 대한 식물의 지혜로운 생로병사 대응전략을 잘 이해해 항산화물질을 많이 만드는 식물을 개발하면 인류가 당면한 환경, 식량, 에너지 및 보건문제를 대부분 해결할 수 있으리라 기대된다.

아토피는 피부건조증, 가려움증 및 염증을 동반하는 만성적 피부병으로 환경오염물과 알러젠 등에 의한 피부면역계 이상으로 발병한다.

화합물 48/80으로 유도된 소양 억제능력은 C3G 색소농도 의존적으로 소양 억제능력이 있었으며, 아세트산(acetic acid)으로 유도된 발작 억제

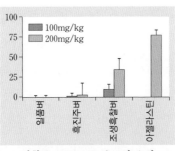

화합물 48/80으로 유도된 소양
억제능력(%)

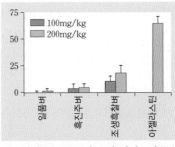

히스타민으로 유도된 소양 억제능력(%)

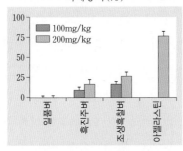

아세트산으로 유도된 발작 억제능력

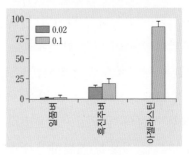

IgE-antigen 복합체로 유도된 RBL-2H3
cells의 탈과립 억제능력(%)

그림 6-10 유색미 품종의 면역력 억제효과 (Han, S. J. et al., 2007)

능력도 매우 높았다(그림 6-10). 또한 가려움증 억제효과도 C3G 색소농도 의존적으로 높게 나타났다(그림 6-11).

유색미의 피부미백 작용기전은 멜라민 생합성에 관여하는 key enzyme인 티로시나아제(tyrosinase)와 TRP-2의 유전자발현을 측정하였다. C3G 고함유 유색미 추출물은 티로시나아제 TRP-2 효소의 유전자발현을 억제하여 멜라민의 생성을 저해하는 것으로 관찰되었다(그림 6-12).

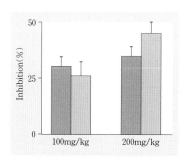
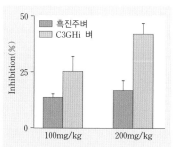

C3G 함량 흑진주벼 : 40mg 수준C3GHi 벼 : 1,800mg 수준

가려움증 억제효과　　　　　　　　　　PCA 테스트

그림 6-11 C3G 고함유쌀의 알레르기 억제효과 (Han, S. J. et al., 2007)

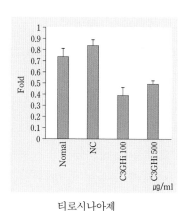
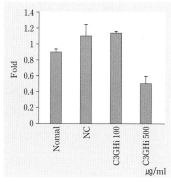

티로시나아제　　　　　　　　　　　　TRP-2

그림 6-12 C3G 고함유쌀의 피부건강 개선효과 (Han, S. J. et al., 2007)

5 당뇨 치료 효과

당뇨병(diabetes melitus)은 유전적 또는 후천적인 원인에 의해 혈당조절 호르몬인 인슐린의 분비량이 부족하거나 인슐린의 기능이 정상적으로 이루어지지 않아 당 대사에 이상이 발생하여 고혈당을 유발하는 대사성 질환이다. 당뇨병은 크게 제1형과 제2형으로 분류된다. 제1형(인슐린 의존성) 당뇨는 유전적인 소인으로 인해 췌장의 베타세포가 파괴되어 인슐린 분비가 저하되므로 인슐린 치료가 절대적으로 필요한 반면, 제2형 당뇨는 유전적인 소인보다 고열량, 고지방 식사, 운동부족, 스트레스 등 후천적인 요인으로 인해 인슐린 분비장애, 인슐린 저항성이 발생하는 경우이다. 제2형 당뇨는 중년 이후에 발병률이 높으며, 국내의 당뇨 환자90% 이상이 제2형 당뇨로 보고되어 있다. 국내의 당뇨 환자는 약 500만 명 정도로 예상되고 있으며, 2007년 통계청이 발표한 사망원인 조사 결과에 따르면, 당뇨병은 5대 사망원인 중 하나로 암, 뇌혈관질환, 심장질환 다음으로 사망률이 높아 사회적으로 문제가 되고 있다(Kim, 2002 ; 통계청, 2002).

당뇨병은 지속적인 고혈당 증상으로 인해 심장질환, 신장질환, 시각장애 및 신경장애와 같은 다양한 합병증을 동반하는 것이 특징인데, 이러한 합병증이 심각한 문제를 야기하며, 환자들의 삶의 질을 극도로 저하시킨다. 특히 대표적으로 순환기계의 질환에서 심근경색이나 뇌경색 등의 대혈관장애 등은 당뇨병 상태뿐만 아니라 당뇨병 발병 이전 단계인 내당능장애 단계에서부터 발병이 증가하는 것으로 나타나 이에 대한 예방방법 또한 필수적인 상태이다(Reaven, 1988 ; O'Brien & Granner, 1996).

따라서 당뇨병의 치료 및 합병증을 예방하기 위해 혈당을 지속적으로 관리하여야 하며, 약물요법과 함께 식사요법, 운동요법 등 생활습관에서부터 철저한 관리체계가 필요하다. 가장 바람직한 방법은 생활습관과 식습관 조절을 통해서 당뇨병 발병 이전 단계부터 혈당을 관리하는 등 예방차원에서 치유하는 것이다(Park et al., 1996). 그러나 건강 상태가 악화된 당뇨 환자에게 철저한 식사요법 및 운동요법을 항상 지속시키는 것은 현실적으로 어려움이 수반되기 때문에 이를 보완하기 위하여 당뇨질환 개선효과가 뛰어난 기능성 소재 개발 및 이를 이용한 식품의 보급을 통하여 일반적인 식습관 속에서 자연스러운 혈당관리가 필요한 식사 대용 식용 소재의 개발이 활발히 진행되고 있다. 이러한 기능성 소재는 특히 천연물을 기반으로 하여 개발되고 있으며, 대표적인 예로는 솔잎(Bates et al., 2000), 상엽(Yang et al., 2006), 버섯류(Kim & Choe., 2005 ; Kim et al., 2005)들에 대한 연구가 활발히 진행되고 있다.

이러한 천연물 기반의 기능성 소재의 개발 중 특히 쌀을 주성분으로 하는 항당뇨 소재의 개발은 쌀이 주식으로 사용되어 쉽게 섭취할 수 있고, 곡류를 바탕으로 하여 당뇨 환자용의 식사 대용식으로 쉽게 조제가 가능하다는 장점이 있다. 쌀은 오래전부터 주식으로 사용된 작물이지만 전분 함량이 높은 탄수화물 성분으로 인하여 당뇨 환자가 섭취할 경우 급격한 혈당의 상승이 나타날 수 있어 당뇨 환자들의 섭취가 쉽지 않았다. 그러나 쌀겨(미강)의 유용성이 널리 알려지면서 쌀겨의 식이섬유에 의한 혈당 상승 등의 개선기능 및 낮은 glycemic index(GI)의 유용성을 통해 미강을 포함한 현미 상태로서 당뇨 환자들을 위한 식사로 현재 권장되고 있다(Kiehm, 1976). 특히 품종 개량을 통해 당뇨 환자에게 유리하도록 제조된 쌀 품종을 이용한 항당뇨용 기능성 소재의 개발이 국내에서 시도되고 있으며, 일반 품종보다 배아가 큰 거대배아미(Lee et al., 2006)나 아밀로오스의 함량이 높은 고아미 2호 등이 개발되어 상업화되어 있다.

본 연구에 사용된 C3GHi 쌀 품종은 시판되고 있는 흑미 품종인 흑진주쌀에 비해서 강력한 항산화 성분인 cyanidine 3-glucoside(C3G)의 함량이 5배 이상 높아 당뇨로 인해 발생되는 조직의 산화적 손상을 경감시킬 수 있으며, 미강유 성분 중에서 항당뇨 활성이 있는 것으로 알려진 오리자놀 등(Chou et al., 2009)의 유용성 성분 또한 일반벼 품종에 비하여 높은 함량을 보여 주고 있는 것으로 보고되어 있다. 따라서 C3GHi 쌀 품종은 당뇨 환자들을 위한 식사 대용식의 소재로서 일반 현미에 비하여 높은 기능성을 나타낼 수 있을 것으로 추측되며, 본 연구에서는 품종 개량된 C3GHi 쌀 품종을 이용하여 항산화 활성, 혈당조절 기능 및 당뇨 동물 모델에서의 당뇨 증상 및 당뇨 합병증 증상 개선기능을 살펴봄으로써 차후 품종개량된 벼 품종을 이용한 기능성 식사 대용식의 연구 자료로 활용하고자 하였다.

실험에 사용된 C3GHi 쌀 품종은 일반 흑진주쌀에 비하여 C3G가 5배 이상 높도록 품종개량된 쌀 품종이다. C3GHi 쌀 추출물은 C3GHi 현미에 10배수의 70% 에탄올을 첨가한 뒤 진탕하며, 4℃에서 12시간 추출한 후 상징액을 수거하고, 다시 5배수의 70% 에탄올을 첨가하여 동일 조건으로 4시간 동안 2차 추출을 수행하고, 두 추출액을 합친 후 진공농축 및 동결건조하여 제조하였다. 대조군으로 사용되는 일반벼(일품벼) 및 일반흑미(흑진주벼) 추출물은 상기와 동일한 방법으로 제조하였다(김화영 등, 2010).

C3GHi 품종의 항산화력 측정에는 DPPH radical quenching assay(Tomohiro et al., 1994), SOD-like activity(Murklund et al., 1974), 지질과산화 반응억제효과(Hong et al., 1999)의 측정을 통하여 검증하였으며, 시료 비처리군의 산화적 손상을 50% 경감시키는 시료의 농도로서 항산화 활성을 상대 비교하였다. C3GHi 품종의 DNA 보호 활성을 검증하기 위하여 C3GHi 쌀 추출물로부터 항산화 활성을 DNA breakage법으로 검증하였다.

pBR322 plasmid를 H_2O_2/Fe의 활성산소 발생계에 노출시킨 후 분해되는 DNA의 정도를 agarose gel에 전기영동을 통해 확인하고 시료 처리 후 breakage의 억제 여부를 육안으로 관찰하여 항산화 활성을 검증하였다.

C3GHi 품종의 혈당지수 산출을 위하여 소화장애가 없고, 정상 공복 혈당을 가진 성인 10명을 대상으로 인체 적용 시험을 실시하였다. 실험 대상자들은 실험 전날부터 실험일 아침까지 12시간 동안 절식 후, 공복 시 혈당을 측정한 다음 대상자들에게 쌀 추출물이 50g이 되도록 준비된 시료를 250ml의 물에 혼합하여 섭취하도록 한 후 손끝에서 채혈하여 2시간 동안 15분 간격으로 혈당을 측정하였다. 대상자들은 시험이 끝나기 전 2시간 동안 금연하고, 가벼운 일상생활만 하도록 하였다. 실험 시료는 대조용 포도당, 완전 도정된 백미, 시판되고 있는 현미 상태의 흑미 및 C3GHi로 하였고, 각 실험자가 주식 1회씩 무작위로 배정된 시료를 섭취하도록 하였다. 측정된 혈당량을 바탕으로 Jenkins 등(Jekins et al., 1981) 등의 방법에서와 같이 포도당 용약 섭취 후 2시간 동안 혈당반응 면적과 시료 섭취 후 혈당반응 면적을 아래와 같은 수식으로 계산하여 혈당지수를 산출하였다. 시료의 소화, 흡수 형태를 대조군과 분석하기 위하여 혈당반응 곡유 실좌측면적값(LAR), 우측면적값(RAR)을 시료 섭취 후 30분을 기준으로 하여 구분하여 산출하였다.

$$glycemic\ index\,(GI) = \frac{\Delta\ blood\ glucose\ area\ after\ sample}{\Delta\ blood\ glucose\ area\ after\ glucose} \times 100$$

C3GHi 현미 추출물의 당뇨 개선 기능을 조사하기 위하여 *db/db* 마우스 모델을 사용하였다. 실험에 사용된 동물은 C57 BL/ksj(BL/Ls) homozygous diabetic(*db/db*) 마우스로 오리엔트 실험동물로부터 분양받아 사용하였다. 실험동물은 생후 4주령의 수컷을 분양받아 고형사료와 물을 공급하면서 1주일간 적응시킨 후, 무처리군(Control group), 양성대

조군(metformin group), G1군(C3GHi Low-dose group), G2군(C3GHi High-dose group)으로 각 10마리씩 분류하였다. 실험기간 동안 실험식이는 AIN-93G 식이를 공급하였으며, G1군과 G2군은 각기 C3GHi 쌀 추출물 10mg/kg 체중, 100mg/kg 체중의 비율로 경구 투여하였다. 양성대조군은 혈당강하제 약물인 메트포민(metformin)을 10μg/kg 체중으로 경구 투여하였고, 무처리군은 동일 용량의 식염수를 경구 투여하였다.

실험동물은 총 6주간 C3GHi 쌀 추출물 및 메트포민을 경구 투여하면서 1주 1회씩 18시간 동안 절식시킨 후 미정맥으로부터 채혈하여 혈당량을 측정하였고, 실험기간이 종료된 후 심장으로부터 채혈하여 혈중 인슐린 함량을 정량하였다. 또한 실험동물의 피하, 부고환, 신장후, 복막하 지방 조직을 채취하여 무게를 측정하여 총 지방 함량을 결정하였다.

C3GHi 품종 쌀의 현미 상태에서 혈당 개선능력 및 혈중 지질 프로파일의 개선능력을 확인하기 위하여 streptozotocin(STZ)으로 당뇨가 유발된 실험동물 모델에서 효능을 검증하였다. 실험에 사용된 동물인 SD rat는 오리엔트로부터 분양받아 사용하였으며, 입수 후 1주일간 적응기간을 거친 후 0.1M 시트르산(citric acid) 버퍼(buffer)에 용해시킨 STZ를 대퇴부에 50mg/kg 체중으로 투여하여 당뇨를 유발하였다. 당뇨 유발의 확인은 STZ 투여 후 미정맥으로부터 채취한 혈당이 180mg/ml 이상 혈당 rat였고, 당뇨가 유발된 실험동물을 백미(일품벼) 투여군(D-W), 현미(일품벼) 투여군(D-B) 및 C3GHi 현미 섭취군(D-C3)으로 각 7마리씩 분류하였다. 실험식이는 AIN-93G 식이 70%와 각 시료의 동결건조 분말미를 혼합하여 3주간 섭취시켰다. 실험기간 동안 매주 1회씩 미정맥으로부터 채혈하여 혈당량을 측정하였으며, 실험기간 종료 후 심장으로부터 채혈하여 분석용 키트(아산제약)를 사용하여 총 콜레스테롤, 중성지방, LDL-콜레스테롤, HDL-콜레스테롤을 정량하였다. 또한 혈액으로부터 체내 혈화적 손상의 지표로 사용되는 MDA(malondialdehyde)의 정량은

Yagi(1976)의 방법 등을 통하여 정량하였다.

각 실험 결과는 평균±표준편차로 나타내었으며, 각 군 간의 유의성 검증은 95% 신뢰도 수준에서 Student's-test를 이용하여 수행하고, 유의성이 나타날 경우 Duncan's multiple range test에 의해서 사후 검증을 실시하였다.

신체 내의 산화적 손상은 장기의 손상 및 노화의 중요한 원인으로 알려져 있으며, 항산화제 투여를 통해 산화적 손상을 경감시킬 경우 생체의 건강을 개선할 수 있다(Bulkley, 1983). C3GHi 쌀 품종은 일반 흑미에 비하여 강력한 항산화제로 알려진 C3G의 함량이 5배 이상 높게 나타나고 있어 높은 항산화 활성을 기대할 수 있으며, 이를 검증하기 위하여 항산화 활성을 측정하였다. 항산화 활성의 측정은 DPPH 라디칼을 이용한 전자 공여능(DPPH), SOD 유사 활성(SAR) 및 지질과산화 억제능력(LPI)을 측정하였으며, 이러한 방법들은 항산화제의 스크리닝에 많이 이용되고 있다. 발생된 활성산소의 50%를 억제하는 시료의 농도(Scavenging Concentration at 50%, SC50)를 통해 상대 비교한 활성에서 C3GHi 품종의 추출물은 일반벼나 시판되는 흑미의 추출물에 비하여 매우 우수한 활성을 나타내었으며, 대표적 수용성 항산화제의 하나인 글루타티온(GSH)과 비교할 때도 유사한 활성을 나타내어 항산화제로서의 활용 가능성이 매우 높은 것으로 판단되었다(표 6-9).

표 6-9 C3GHi 벼 추출물의 항산화 활성

측정방법	일반벼	흑진주벼 추출물	C3GHi 벼 추출물	GSH
DPPH(SC50, μg/ml)	878.4	414.2	106.3	113.2
SAR(SC50, μg/ml)	>1000	394.2	258.5	200.6
LPI(SC50, μg/ml)	>1000	355.9	95.4	72.5

(김화영 등, 2010)

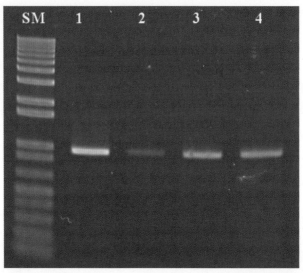

SM : size marker(1kb ladder) ; lane 1 : Not treatment; lane 2 : H₂O₂ only treatment ; lane 3 : C3GHi 100μg/ml + H₂O₂ treatment ; lane 4 : C3GHi 500μg/ml + H₂O₂ treatment

그림 6-13 유색미 추출물의 DNA 산화손상 억제효과 (김화영 등, 2010)

DNA 산화적 손상 억제 시험 결과는 [그림 6-13]과 같이 나타났다. 과산화수소에 의해 손상된 DNA(lane 2)의 경우 DNA strand의 breakage 현상으로 인하여 절단됨으로써 전기영동상에서 손상되지 않은 DNA(lane 1)에 비하여 band가 많이 옅어졌음을 확인할 수 있었다. C3GHi 쌀 추출물을 100μg/ml, 500μg/ml의 농도로 과산화수소와 함께 처리 band의 옅어짐이 약하게 나타났으며, 이는 C3GHi 벼 추출물이 DNA strand를 산화적 손상으로부터 보호하여 breakage 증상을 억제한 것으로 보인다. 즉, 활성산소에 의해 유도된 DNA 산화적 손상에 대한 보호효과를 확인할 수 있었다. DNA의 산화적 손상은 특히 발암 과정, 알츠하이머, 파킨스병 등 각종 질환의 원인이 되기 때문에, C3GHi 벼 추출물은 DNA의 산화적 손상을 방지함으로써 각종 질환 예방에도 효과가 있을 것으로 판단된다.

표 6-10 혈당지수에 미치는 유색미 추출물의 품종 간 차이

그룹	혈당반응 면적(min · mg/dl)	GI (%)	LAR[1]	RAR[2]
포도당	5469.4±1686.2	100.0	1.00	1.00
일품벼	2903.8±1080.7	53.5±19.4	0.36±0.13	0.45±0.21
흑진주벼	3068.4±903.9	55.4±23.0	0.47±0.16	0.58±0.27
C3GHi 벼	2451.1±1418.8	43.7±18.8	0.33±0.16	0.37±0.18

1) LAR : samples left area(0~30min)/glucose left area(0~30min)

2) RAR : samples right area(30~60min)/glucose right area(30~60min)

(김화영 등, 2010)

혈당지수(glycemic index, GI)는 어떤 식품을 섭취했을 때 나타내는 혈당반응과 포도당 섭취 시의 혈당반응을 비교하여 나타낸 것으로, 혈당반응이 낮은 식품은 혈당지수의 수치도 낮게 나타나며, 이러한 식품들은 혈당을 천천히 상승시켜 당뇨 환자들의 식이요법에 권장되고 있다(Jekins, 1981). 본 연구에서는 C3GHi 벼의 혈당반응을 측정하여 당뇨개선식품으로 적합한지 여부를 알아보고자 하였다. 포도당을 비롯한 일품벼, 흑진주벼, C3GHi 벼를 동결건조 분말 섭취 후 혈당검사를 통해 얻은 수치로 혈당반응 면적을 산출한 결과는 〈표 6-10〉과 같다.

일품벼, 흑진주벼, C3GHi 벼 시료의 혈당반응곡선 면적은 포도당보다 각각 47%, 44%, 55%가 낮은 것으로 나타났으며, 포도당 혈당반응 면적에 대한 시료의 혈당반응 면적을 백분율로 나타낸 혈당지수는 일품벼 53.5, 흑진주벼 55.4, C3GHi 벼 43.7로 나타났다. 일반적으로 백미 또는 현미의 혈당지수는 조리를 한 후 측정하고 있으며, 이 경우 백미는 약 92, 현미는 90 정도의 수치를 나타내는 것으로 보고되어 있다(Lee et al., 1997). 조리를 통해 호화되지 않은 전분의 경우 조리된 것에 비해서 흡수율이 떨어진다. 본 연구에서는 C3GHi 벼를 이용하여 생식류의 비가열

식품으로서의 활용도를 파악하기 위하여 조리되지 않은 생식 상태의 시료를 사용하였다. 조리되지 않은 백미의 혈당지수는 53.5로 조리된 백미에 비하여 낮은 혈당지수를 보였으며, 일반 흑미의 현미 또한 55.4로 조리된 현미의 90 정도와 큰 차이를 나타내었다. C3GHi 벼의 혈당지수는 43.7로 백미 및 흑진주쌀에 비해서 평균적으로 낮은 혈당지수를 나타내었다. 비록 각 시료 간의 혈당지수에서 유의적인 차이는 나타나지 않았지만, C3GHi 벼가 가장 낮은 혈당지수를 나타내어 C3GHi 벼를 이용한 생식류가 식사 대용식으로서의 가능성이 높다고 판단되었다.

일반적으로 식이섬유 함량이 높은 식품이 혈당지수를 낮추는 효과에 대해서는 위장에서의 전분 소화율의 저하(American Diabetes Association, 1987), 위장에서 소화된 내용물의 십이지장으로의 이동속도 감소(Jenkins et al., 1988), 소장으로 확산되는 당류의 속도 감소 및 소장 상부로 다당류의 분해속도 감소(Jang et al., 2001), 소장 내 상피세포에서 단당류의 흡수속도 감소(Wolever, 1990) 등의 이론이 보고되고 있다. C3GHi 벼 품종은 흑진주벼와 수원 425호를 교배하여 미강 내의 색소성분 함량을 증대시킨 것으로, 당질의 함량에서 일반흑미와 큰 차이를 보이지 않을 것으로 평가된다. 따라서 C3GHi 벼의 상대적으로 낮은 혈당지수는 당질의 구성 차이보다는 소장 내에서의 당류 흡수에 영향을 주는 성분이 포함될 가능성이 높을 것으로 평가된다.

시료 섭취 후 30분을 기준으로 하여 혈당상승기에 해당하는 포도당의 왼쪽 면적에 대한 시료의 왼쪽 면적의 비율(LAR)과 혈당감소기에 해당하는 포도당 오른쪽 면적에 대한 시료의 오른쪽 면적의 비율(RAR)을 산출한 결과, C3GHi 벼가 가장 작은 면적을 나타내었다. 각 시료(일품벼, 흑진주벼, C3GHi 벼)의 최고 혈당값 및 최고 혈당값을 나타내는 시간을 관찰한 결과는 〈표 6-11〉과 같다.

최고 혈당값은 포도당 산출보다 각각 43.4, 36.0, 45.4 mg/dl 감소된

표 6-11 C3GHi 벼 추출물의 최고 혈당값과 최고 혈당시간에 미치는 영향

그룹	최고 혈당값(mg/dl)	최고 혈당시간(min)
포도당	186.1±24.5	39.5±13.9
일품벼	142.7±19.2	48.3±19.5
흑진주벼	150.1±12.3	35.0±7.5
C3GHi 벼	140.7±18.1	46.7±23.0

(김화영 등, 2010)

수치를 나타내었고, C3GHi 벼군이 가장 낮은 값을 보였다. 최고 혈당값을 나타낸 시간은 일반흑미(BR) 섭취군을 제외한 모든 군에서 포도당보다 늦어지는 것으로 관찰되었으나, 유의적인 차이는 나타나지 않았다. 각 실험군의 최고 혈당값은 포도당(186.1mg/dl)에 비해 모두 낮은 값을 나타내었으며, C3GHi 벼군이 140.7mg/dl로 가장 낮은 최고 혈당값을 보였으나 각 군 간에 유의적인 차이는 나타나지 않았다. C3GHi 벼 품종은 일반미 및 흑미에 비해서 낮은 혈당지수를 나타내었고, 비록 유의적 차이는 나타나지 않았으나 최고 혈당값이 낮고 최고 혈당값을 나타내는 시

표 6-12 *db/db* 마우스의 체중변화 및 사료 섭취량

구분	초기 체중무게(g)	최종 체중무게(g)	사료 섭취율(g/day)
대조구	37.1± 3.7	39.4±4.8	4.51±0.46[a]
혈당강하제 (메트포민)	39.0±1.7	38.3±4.2	4.02±0.81[a]
G1[1]	39.4±7.53	7.4±10.9	5.26±0.44[b]
G2[2]	39.5±4.1	39.6±4.0	5.61±0.64[b]

1) 유색미 추출물(10mg/kg 체중)
2) 유색미 추출물(100mg/kg 체중)

(김화영 등, 2010)

간이 늦추어진 것으로 보아 당뇨 환자들의 식사 대용식의 유용한 소재로서의 가능성을 나타낸 것으로 판단된다.

제2형 당뇨의 대표적 동물 모델인 C57BL/ksj(BL/Ls) homozygous diabetic(db/db) 마우스는 4번 염색체의 leptin 수용체 유전자의 돌연변이를 통해 당뇨가 유발되며, 인슐린 비의존성 당뇨 모델로서 많은 연구가 진행되고 있다(Park, 2004). C3GHi 벼 품종 추출물을 섭취시킨 db/db 마우스의 6주간의 체중변화는 〈표 6-12〉와 같이 나타났다.

대조군의 경우 미세한 체중증가 현상을 나타냈지만, 메트포민(metformin)군과 C3GHi 벼 추출물 섭취군에서는 체중의 증가현상은 보이지 않았다. 또한 시험기간 동안 각 군의 평균 사료 섭취량을 산출한 결과 대조군에 비하여 C3GHi 벼 추출물 섭취군에서는 통계적으로 유의한 사료 섭취량의 증가가 나타났다. C3GHi 벼 추출물 섭취군에서 사료 섭취량의 증가에도 불구하고 체중증가가 나타나지 않은 것은 C3GHi 벼 추출물이 체내 영양소 대사를 활성화하여 체중증가를 방지하는 데 기여하는 것으로 판단되었다.

표 6-13 db/db 마우스에서 혈당치에 미치는 C3GHi 벼의 영향

그룹	실험기간(섭취 주수)						
	0	1주	2주	3주	4주	5주	6주
대조군	298.3 ± 4.2^a	311.4 ± 8.9^a	382.2 ± 11.9^a	414.5 ± 9.3^a	466.8 ± 14.6^a	512.0 ± 12.9^a	572.8 ± 15.1^a
혈당강하제 (메트포민)	289.6 ± 5.3^a	293.2 ± 10.7^a	299.7 ± 14.3^b	326.4 ± 10.2^b	11.8 ± 21.8^b	30.1 ± 18.4^b	441.8 ± 14.6^b
G1[1]	295.2 ± 4.8^a	301.0 ± 5.8^a	341.2 ± 10.4^a	374.6 ± 13.8^a	436.4 ± 15.4^a	477.4 ± 13.5^a	507.3 ± 19.2^c
G2[2]	294.4 ± 4.6^a	295.4 ± 6.3^a	335.4 ± 8.5^b	364.7 ± 11.8^b	429.6 ± 18.3^a	446.1 ± 10.8^b	483.5 ± 8.9^c

1) 낮은 그룹(10mg/kg 체중)
2) 높은 그룹(100mg/kg 체중)

(김화영 등, 2010)

혈당의 측정은 실험 전부터 6주간 1주 간격으로 총 7회 측정하여 분석하였으며, 그 결과를 〈표 6-13〉에 나타내었다.

db/db 마우스는 당뇨 유발 동물로서 실험기간 동안 혈당이 지속적으로 상승하는 모습을 나타내었다. 또한 0주, 1주 및 2주의 혈당은 각 군 간의 유의적 차이가 나타나지 않았으며, 3주차부터 메트포민군이 대조군에 비하여 유의적으로 낮은 혈당치를 보여 주기 시작하였다. 시료 투여군에서는 고용량을 투여한 G2군이 5주차부터 대조군에 비하여 유의적으로 낮은 혈당치를 보이기 시작하였으며, 저용량 투여군인 G1군은 6주에서 대조군과 유의적 차이를 나타내었다. 시료투여군 간의 비교에서는 4주차까지 유의성이 나타나지 않았으나 평균적으로는 더 낮은 혈당치를 보여 주었고, 6주차에서는 G1군과 G2군 간의 유의적인 혈당치 차이가 나타났다.

대조군을 기준으로 하여 혈당의 상승에 대한 억제율(inhibition%)을 산출한 결과에서는 메트포민군은 3주차에 22%에서 6주차에는 23% 정도의 억제율을 나타내었으며, 이는 메트포민을 투여하여 *db/db* 마우스 모델에서 혈당 억제율을 측정한 김 등(Kim et al., 2006)의 보고에서 나타낸 20~25% 정도의 혈당 상승 억제율과 유사한 결과를 보였다. 또한 저용량 투여군(G1)에서는 3주차에 10% 정도에서 6주차에는 12% 정도로 약 10~12% 정도의 억제율을 나타내었다. 고용량 투여군(G2)에서는 3주차에 13%에서 6주차에는 17%까지의 억제율을 나타내어 크지는 않으나 C3GHi 벼 추출물에 대해서 농도 의존적인 모습을 보여 주는 것으로 사료된다.

저해율 측면에서 C3GHi 벼 추출물은 비록 양성 대조군인 메트포민에 비하여 낮은 모습을 보여 주었으나 C3GHi 벼가 매일 섭취하는 주식 개념의 쌀임을 고려할 때 원물을 이용하여 당뇨로 인한 혈당 상승을 억제하여 당뇨 환자용 식사 대용식으로의 개발 가능성이 높다고 할 수 있다. 또한 C3GHi 벼 추출물을 이용한 당뇨 환자용 기능성 소재로의 개발도 가능하리라 판단된다.

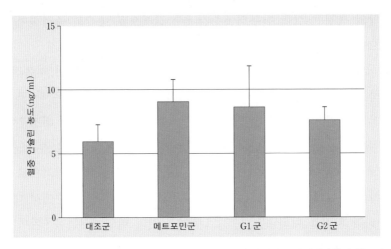

그림 6-14 유색미 추출물의 섭취가 *db/db*의 인슐린 분비에 미치는 영향 (김화영 등, 2010)

C3GHi 벼 추출물이 혈중 인슐린 농도에 미치는 영향을 살펴보기 위하여 6주간의 시험기간 종료 후 혈중의 인슐린 농도를 조사한 결과는 [그림 6-14]와 같이 나타났다. 혈중 인슐린 농도는 대조군에 비하여 메트포민군과 G1군, G2군에서 증가하는 경향을 보였으나 통계적 유의성은 나타내지 못하였다. C3GHi 벼 추출물 섭취로 인해서 혈당의 증가가 억제되고는 있으나 인슐린의 유의적 차이가 나타나지 않음으로 인하여 C3GHi 벼 추출물은 인슐린의 합성이나 분해에 영향을 주지 못하는 것으로 판단된다. 그리고 C3GHi 벼 추출물 투여로 혈당의 증가폭이 억제되는 것은 인슐린의 체내 감수성에 영향을 주어 혈당의 조절이 이루어졌던 것으로 판단된다(그림 6-14).

streptozotocin(STZ)는 췌장의 beta-cell을 선택적으로 파괴하여 인슐린 분비를 억제함으로써 당뇨와 동일한 증상을 유도하는 동시에 다른 장기에는 거의 영향을 주지 않는 것으로 보고된 약물로, 동물 모델에서 당뇨 유발제로 많이 활용되고 있다. STZ로 당뇨가 유도된 동물에게 C3GHi 벼가 함유된 식이를 섭취시키면서 나타나는 혈당의 변화는 〈표 6-14〉와

표 6-14 STZ로 당뇨가 유도된 동물에서 C3GHi 벼가 혈당변화에 미치는 영향

그룹	실험기간 (섭취 주수)			
	0	1주	2주	3주
D-W	428.3±41.4[a]	508.4±63.2[a]	589.2±78.79[a]	631.7±97.0[a]
D-B4	17.2±38.2[a]	492.3±54.8[a]	541±73.1[a]	529.3±62.3[a]
D-C	3430.1±45.2[a]	466.3±28.9[a]	482.4±60.2[b]	486.3±48.2[b]

(김화영 등, 2010)

같이 나타났다.

STZ의 투여는 활성산소종에 대한 감수성을 높여 산화적 스트레스로 인해 조직 손상을 주는 물질인 hydrogen peroxide 등이 증가되고, 증가된 활성산소종이 beta-cell을 파괴하여 당뇨병 증상을 보이는 것으로 보고하고 있다(Reddi & Bollineni, 2001). 따라서 항산화 활성이 우수한 시료의 투여는 STZ로 인해 유도되는 당뇨 증상을 경감시킬 수 있을 것으로 생각된다. STZ로 당뇨가 유도된 실험동물의 혈당은 시간이 경과함에 따라 점차 증가하는 양상을 보였다. 그리고 C3GHi 벼를 함유한 식이를 섭취한 실험동물은 대조군에 대비하여 혈당의 증가가 완만한 상승세를 보였으며, 2주 후부터 대조군 대비 유의적인 혈당량 감소 결과를 나타내었다 (p < 0.05).

일반미의 현미를 섭취한 실험군에서는 평균적으로 백미 투여군에 비하여 낮은 혈당 증가세를 보였으나 통계적 유의성은 나타나지 않았다. C3GHi 현미를 섭취한 실험동물에게서 혈당의 증가가 완만하게 나타난 결과는 db/db 동물 모델에서의 결과와 동일한 영상을 보인 결과였다. C3GHi 벼의 낮은 혈당지수를 바탕으로 섭취 시 즉각적인 혈당의 상승을 억제할 뿐만 아니라 장기적인 섭취 시에도 혈당 증가를 억제하여 당뇨 증상을 완화시키는 결과를 나타낼 수 있을 것으로 추측되어 기능성 소재

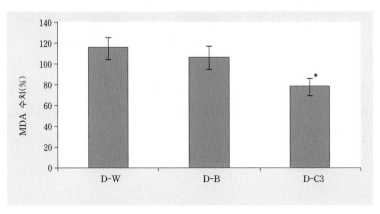

*는 5% 유의수준에서 유의성이 인정됨을 의미함

그림 6-15 STZ로 당뇨가 유발된 실험동물의 MDA 수치변화에 대한
C3GHi 쌀 추출물 효과

또는 기능성 식사 대용식으로서의 개발 가능성이 높다고 예상된다.

당뇨가 유발되었을 경우 신체 조직에서 산화적 손상이 증가하는 것으로 보고되었으며, 이는 생체막 지질에서 phospholipase A2, mixed functional oxidase 등의 활성산소 생성계의 활성화나 항산화계의 약화가 발생하는 것에 기인한 것으로 알려져 있다(Yang et al., 1998). 또한 산화적 손상이 당뇨 합병증의 중요한 원인임이 규명되어 있다. 따라서 당뇨 환자에게서 산화적 손상을 억제하는 것은 매우 중요한 사항이라고 할 수 있다. STZ로 당뇨를 유발시키고 3주간 C3GHi 벼를 섭취한 실험동물에게서 간 조직에서의 산화적 손상의 지표인 malondialdehyde를 정량한 결과는 [그림 6-15]와 같이 나타났다.

STZ로 당뇨가 유발된 실험동물에서 혈장 MDA의 수치는 백미만 섭취한 군에 비하여 C3GHi 벼를 섭취한 실험동물의 MDA가 통계적으로 유의하게 낮은 수치를 나타내었다($p < 0.05$). 반면에 일반벼의 현미만 섭취한 실험군은 백미를 섭취한 군에 비하여 낮은 평균값을 나타내지는 않았

다. C3GHi 벼는 앞의 결과에서와 같이 높은 항산화력을 가지는 C3G의 함량이 매우 높아 일반미에 비하여 매우 높은 항산화력이 나타나는 것으로 확인되었다. 따라서 STZ로 당뇨가 유도된 실험동물에게서 나타나는 산화적 스트레스에 높은 항산화력을 기반으로 하여 스트레스를 경감시킴으로써 산화적 손상을 경감시켜 당뇨 합병증을 예방하는 데 도움을 줄 수 있을 것으로 사료된다.

C3GHi 벼 품종은 흑진주벼와 수원 425호를 교배조합으로 하여 색소성분인 C3G의 함량을 비약적으로 증대시킨 품종이다. C3GHi 벼 품종을 활용하여 기능성 제품 및 소재로의 개발 가능성을 타진하기 위하여 본 연구에서는 C3GHi 벼 품종의 항산화 활성 및 항당뇨 기능의 검증을 수행하였다.

C3GHi 벼 품종의 항산화 활성을 비교 분석한 결과에서 C3GHi 벼는 일반벼 및 흑진주벼보다 매우 우수한 항산화 활성을 가진 것으로 나타났으며, 대표적 항산화 소재인 글루타티온(glutathione)과 유사한 활성을 나타내었다.

C3GHi 벼 품종의 혈당지수를 인체 시험을 통해서 산출한 결과에서도 일반 현미나 백미에 비해서 15% 정도 낮은 혈당지수를 나타내 당뇨 환자들의 식사 대용식의 소재로서 활용 가능성이 높을 것으로 사료된다. *db/db* 마우스 모델 및 STZ를 통해 당뇨병을 유발한 동물 모델에서 C3GHi 벼 추출물 및 C3GHi 현미의 동결건조 분말이 혈당 상승을 막고, 산화적 손상을 억제하는 것으로 나타났다. 이상의 결과에서 C3GHi 벼는 낮은 혈당지수 및 항산화 활성, 항당뇨 활성 등을 보유하고 있어 이후 당뇨 환자용 기능성 식사 대용식 및 기능성 식품원료로서의 개발 가능성이 높다고 판단된다.

부록

1. 우리나라 벼 품종의 변천

구분	벼 품종
재래 품종	○ 고문헌 기록 벼 품종 　- 농사직설(정초, 1429) : 조도, 만도 　- 금양잡록(강희맹, 1491) : 구황되소리 등 27품종(수도 24종, 밭벼 　　3종) 　- 임원경제지(서유구, 1842) : 170품종 　- 고사신서(서명응, 1771) : 조도 8품종, 차조도 3품종, 만도 21종 ○ 권업모범장 설립(1906) : 체계적 벼 육종 ○ 재래품종 수집 특성조사 : 1,451품종(권업모범장, 1910년 이전) ○ 벼 품종 특성 　- 큰 키(100~120cm)와 심한 도복, 긴까락, 극만생종, 　　병해충저항성 매우 미흡 　- 쌀 수량 : 114kg/10a 이하
도입 품종	○ 일본 도입 품종(일출, 조신력, 은방주, 육우 132호) 　- 재배면적 : 1920(60%), 1935(82%) ○ 쌀 수량 : 114~164kg/10a(1908~1937) ○ 벼 품종 특성 　- 큰 키(90~110cm)와 도복, 긴까락, 만생종, 병해충저항성 　　매우 미흡
근연 교배 품종	○ 1915년 수원 농사시험장 종예부(전 작물시험장)에서 최초 　인공교배 　- 교배친(자포니카/자포니카) ○ 육종목표 : 다수성 ○ 최초 교배육성품종 : 남선 13호(1933) ○ 1962 : '농촌진흥청' 설립 ○ 주 재배품종 　- 육성품종(1970년, 60%) : 진흥, 재건, 신풍, 농백, 만경 ○ 쌀 수량 : 302kg/10a(1961~1965), 일본 도입 품종 대비 50% 　증수 ○ 벼 품종 특성 　- 큰 키(90cm 내외)와 도복, 만생종, 병해충저항성 미흡 ○ 통일 품종(1971) 육성 : 녹색혁명 주도

원연 교배 품종	- 교배조합(IR8//Yukara/TN1) · 반왜성, 직립초형, 내비성, 도열병 저항성 ○ 1977 : 녹색혁명 달성(통일형 품종), 최대 1978년(78%, 도열병 발생) ○ 주요 통일형 품종 : 통일, 유신, 밀양 23호, 밀양 42호, 조생통일 ○ 통일형 품종 수량 : 450~500kg/10a, 1991 통일벼 수매중단 ○ 통일형 품종의 특성 - 짧은 키(60~75cm)와 내도복성, 다립 및 다수성 ○ 세대단축온실 설치(수원, 익산, 밀양) - 육종 연한 단축 : 15~16년 → 7~8년 (1년 2~3세대)
꽃가루 배양 품종	○ 화성벼(1985) : 우리나라 최초 꽃가루배양 품종 - 벼 품종 육성기간 단축 : 5~6년 ○ 화청벼(1986), 화진벼(1988), 화영벼(1991), 화선찰벼(1992), 조령벼(1992), 화중벼(1993), 화남벼(1993), 양조벼(1994), 화신벼(1995), 화삼벼(1996), 화동벼(1997), 화명벼(1997), 동진찰벼(1998), 화봉벼(1998), 호평벼(2003), 화랑벼(2003)
양질 · 복합 저항성 · 생 력화 품종	○ 일반형 주요 재배품종 : 동진벼, 오대벼 ○ 고품질 일품벼(1990) - 쌀수량 : 534kg/10a ○ 직파재배 : 주안벼(1994), 동안벼(1996) ○ 도열병 다계 품종 : 새추청벼(1999), 안성벼(1999)
특수미 품종	○ 찰벼(7) : 신선찰, 진부찰, 화선찰, 상주찰, 동진찰, 보석찰, 해평찰 ○ 중간찰(3) : 백진주벼(아밀로오스 9%), 만미벼(13%), 백진주 1호(11.5%) ○ 유색미(6) : 흑진주벼(C3G), 흑남벼, 적진주벼, 흑향벼, 흑광벼, 조생흑찰벼 ○ 향미(6) : 향미벼 1호, 향남벼, 향미벼 2호, 아랑향찰, 미향벼, 설향찰벼 ○ 기능성(3) : 영안벼(고아이신), 설갱벼(홍국쌀), 고아미 2호(식이섬유) ○ 기타(3) : 큰눈벼(GAVA), 고아미벼, 대립벼 1호(35g), 양조벼

〈벼 품종 개발의 시대적 경과〉

연대	1945년 이전	1946~1970	1971~1980	1981~1990	1990년 이후
생태형	재래종	자포니카 육성품종	통일형	자포니카	다양화
	도입 품종(일본)				
품종 특성	극만생, 장간, 긴까락, 병해충 극약	만생, 장간, 병해충 약	단간, 다수성, 내비성	준단간, 양질, 다수성, 내병충성	고품질, 다양화, 기능성
육종방법	순계선발, 일본 품종 도입		열대 품종 도입	돌연변이, 생명공학	

2. 우리나라 벼 품종의 특성

구분	품종	수량성 (kg/10a)	밥맛 * (관능검정)	재배안전성
조생	오대(1982)	481	상	내냉성, 내도복성
	상주(1991)	531	상	내냉성, 내도복성
	진부(1991)	521	상	내냉성, 도열병 저항성
	중화(1995)	503	상	내냉성, 도열병 저항성
	상미(1998)	531	상	준조생, 내도복성, 쌀 외관품위 양호
	문장(1999)	539	상	내도복성, 도열병 저항성
	태봉(2000)	544	상	도열병 중도저항성
	새상주(2001)	577	상	도열병 중도저항성, 쌀 외관품위 양호
	태성(2002)	572	상	쌀 외관품위 양호, 내도복성, 도열병 저항성
	고운(2004)	529	상	쌀 외관품위 양호, 내냉성, 도열병 중도저항성
	운광(2004)	586	극상	내도복성, 도열병 및 흰잎마름병 저항성
	청아(2006)	556	상	쌀 외관 및 밥맛 양호, 도정 특성 양호
	황금보라(2006)	537	상	쌀 외관품위 양호, 내냉성, 도열병 중도저항성
	산들진미(2006)	543	상	쌀 외관 품위 양호, 고도정수율, 내냉성, 내도복성, 도열병 저항성
중생	화성(1985)	493	상	줄무늬잎마름병 저항성, 쌀 외관품위 양호
	화영(1991)	505	상	복합내병성**, 만식적응성
	수라(1998)	552	상	내도복성, 도열병 중도저항성, 흰잎마름병 저항성
	화봉(1998)	552	상	복합내병성**, 만식적응성
	금안(2002)	532	상	내도복성, 중소립종, 도열병, 흰잎마름병(K1)저항성
	대평(2002)	549	상	복합내병성**, 만식적응성
	삼덕(2002)	568	상	흰잎마름병 및 줄무늬잎마름병 저항성, 내풍성
	상옥(2003)	516	상	복합내병성**, 만식적응성
	고품(2004)	548	극상	쌀 외관품위 양호, 도열병 및 흰잎마름병 저항성

중생	풍미(2004)	508	상	쌀 외관품위 양호, 도열병 및 줄무늬잎마름병 저항성
	해찬물결(2006)	571	상	쌀 외관 및 밥맛 양호, 내도복성, 복합내병성**
중만생	추청(1970)	453	상	도정 특성 및 쌀 외관품위 양호
	일품(1990)	534	극상	내도복성, 다수성
	대안(1994)	511	상	복합내병성**, 내도복성
	일미(1995)	520	상	내도복성, 흰잎마름병 및 줄무늬잎마름병 저항성
	동안(1996)	527	상	직파적응성, 흰잎마름병 및 줄무늬잎마름병 저항성
	남평(1997)	528	상	줄무늬잎마름병 저항성, 내도복성
	새추청(1999)	558	상	도열병 강, 다계품종, 쌀 외관품위 양호
	신동진(1999)	596	상	흰잎마름병 및 줄무늬잎마름병 저항성
	주남(2000)	576	상	내도복성, 도열병 중도 저항성
	동진1호(2001)	567	상	직파적성, 흰잎마름병 저항성
	삼광(2003)	569	극상	복합내병성**, 쌀 외관품위 양호
	호평(2003)	512	상	쌀 외관품위 양호
	평안(2003)	570	상	직파적응성, 복합내병성**
	청호(2004)	543	상	간척지적응성, 내도복성, 복합내병성**
	온누리(2005)	594	상	만식적응성, 흰잎마름병 및 줄무늬잎마름병 저항성
	주안 1호(2005)	543	상	직파적성, 내도복성
	동진 2호(2005)	571	상	담수직파적성, 복합내병성**
	호품(2006)	600	극상	직파적성, 내도복성, 복합내병성**
	다미(2006)	592	상	중대립, 만식적응성, 도열병 및 흰잎마름병 저항성
	말그미(2006)	530	상	도정 특성 양호, 복합내병성**
	청담(2006)	584	상	쌀 외관 및 밥맛 양호, 직파적성, 내도복성
	황금누리(2006)	574	상	내도복성, 만식적응성, 흰잎마름병 및 줄무늬잎마름병 저항성

* 상=추청벼 이상, 극상=일품벼 수준

** 복합내병성=도열병, 흰잎마름병, 줄무늬잎마름병 저항성

3. 벼 국가 목록 등재현황(2009, 182품종) (1)

구분		조생종(50)	중생종(62)	중만생종(65)
최고품질 품종(4종)		운광벼 (1)	고품벼 (1)	삼광벼, *호품벼 (2)
고 품 질 품 종 (68)	일 반 지 역 (43종)	오대, 진부, 상주, 중화, 상미, 문장, 태봉, 새상주, 태성, 고운, *황금보라, *산들진미 (12)	화성, 화영, 수라, 화봉, 대평, 삼덕, 금안, 상옥, 풍미, *청아, *해찬물결 (11)	추청, 일품, 대안, 일미, 동안, 남평, 신동진, 새추청, 주남, 동진1호, 호평, 평안, 청호, 온누리, 주안 1호, 동진2호, *다미, *말그미, *청담, *황금누리 (20)
	특 수 지 역 (25종)	화동, 진부올, 운두, 금오, 그루, 만안, 만추, 만호, 조안, 만나, 금오3호, 신운봉 1호, 오대1호, *주남조생 (14)	간척, 서안 1호, 해평, 내풍, 풍미 1호, 금오벼2호, 만풍 (7)	계화, 새계화, 서간, *동해진미 (4)
안전성 품종 (65종)		소백, 운봉, 남원, 오봉, 진미, 신운봉, 둔내, 조령, 삼백, 상산, 운장, 삼천, 대진, 인월, 중산, 진봉 (16)	봉광, 팔공, 동해, 화진, 장안, 청명, 서안, 안중, 농안, 화중, 주안, 금오벼 1호, 안산, 서진, 영해, 광안, 원황, 소비, 안성, 중안, 진품, 삼평, 화안, 만월, 석정, *강백 (26)	낙동, 동진, 대청, 탐진, 만금, 영남, 대야, 화남, 금남, 화신, 대산, 화삼, 남강, 화명, 농호, 호안, 수진, 호진, 종남, 서평, 화랑, 하남, 화신 1호 (23)
특수미 품종 (33종)		향미벼 2호, 진부찰, 상주찰, 흑진주, 적진주, 조생흑찰 (6)	신선찰, 화선찰, 설향찰, 대립벼 1호, 영안, 흑광, 보석찰, 해평찰, 큰눈, *눈보라, *한강찰1호, *홍진주 (12)	향미1호, 아랑향찰, 향남 양조, 흑남, 미향, 동진찰 흑향, 고아미, 백진주, 설갱, 만미, 고아미 2호, 백진주 1호, *신명흑찰[2] (15)
초다수 품종 (10종)		남일 (1)	다산, 남천, 안다, 아름, 한아름, *다산 1호, *큰섬 (7)	한마음, *녹양[1] (2)
밭벼 품종 (2종)		–	농림나 1호, 상남밭벼 (2)	

___은 직파 겸용 품종(19품종), *는 2006년 육성품종(19품종), 은 소득작물 후작 단기성 품종(14품종), 1) 총체사료용 품종, 2) 전라북도농업기술원 개발품종

4. 벼 국가 목록 등재현황(2)

(2008. 09. 30. 현재)

번호	품종명	교배조합	육성연도
1	농림나 1호	藤藏/戰櫑	1967
2	추청벼	萬代錦/(若葉/今南風) F5	1970
3	낙동벼	농림 6호/미네유다카	1974
4	봉광벼	北眞旭秀峰(今剛)/中生新千本	1974
5	동진벼	HR1276/사도미노리	1980
6	오대벼	아키쓰호/후지 269호	1980
7	소백벼	아키쓰호/후지 269호	1981
8	신선찰벼	밀양 20호/히요쿠모치	1981
9	대청벼	낙동벼/HR1590-92-4-4-4	1984
10	운봉벼	후케이 104호/후지 269호	1985
11	화성벼	애지 37호/삼남벼	1985
12	팔공벼	HR1591-43-2-2-2/6542B2-16-3-B	1986
13	금오벼	아키쓰호/후지 269호	1987
14	동해벼	밀양 20호/낙동벼	1987
15	탐진벼	HR1591-43-2-1-2-4/HR1590-92-4-4-4-4	1987
16	화진벼	밀양 64호/이리 353호	1987
17	상남밭벼	YR153-12-1-2/육도농림나 1호	1988
18	계화벼	동진벼/사이카이 145	1989
19	남원벼	아키유타카/삼남벼	1989
20	오봉벼	대성벼/후지 269호	1989
21	장안벼	이나바와세/동진벼	1989
22	진미벼	이나바와세/SR4084-5-4-6	1989

번호	품종명	교배조합	육성연도
23	청명벼	수원 224호/아소미노리//설악벼	1989
24	서안벼	수원 224호/이나바와세//설악벼	1990
25	일품벼	수원 295 SV3/이나바와세	1990
26	진부찰벼	SR4085/도토로키와세//와세토라모치	1990
27	만금벼	밀양 71호/사이카이 PL1	1991
28	상주벼	천마벼/오대벼	1991
29	신운봉벼	37-A/아카유다카	1991
30	안중벼	주코쿠 69호/상풍벼	1991
31	영남벼	동진벼/호쿠리쿠 111호//동진벼/사이카이 152호	1991
32	진부벼	후쿠히카리/호쿠리쿠 109호	1991
33	진부올벼	오우모치 296호/이시카리스 1호//카미이쿠모치 38호	1991
34	화영벼	주케이 830호/YR4811ACP8	1991
35	간척벼	아이치 37호/섬진벼	1992
36	대야벼	칸토 PL5/칸토 PL3//대청벼	1992
37	둔내벼	SR11139-48-1/천마벼	1992
38	조령벼	고시히카리/서남벼//밀양 79호	1992
39	화선찰벼	밀양 64호/신선찰벼	1992
40	농안벼	SR5204-30-2/풍산벼	1993
41	대립벼 1호	니혼마사리 ms/BG29	1993
42	삼백벼	고시히카리/YR2406-2-1-1//호쿠리쿠 115호/철원 29호	1993
43	상산벼	소백벼/대성벼	1993
44	향미벼 1호	IR841-76-1/수원 334호	1993
45	화남벼	밀양 95호/탐진벼	1993

번호	품종명	교배조합	육성연도
46	화중벼	사사니시키/천마벼	1993
47	금남벼	진주벼/수원 346호	1994
48	대안벼	오세토/섬진벼	1994
49	양조벼	HR7874-AC77/HR8140-AC59	1994
50	운장벼	운봉벼///수원 224호/와세토라모치//삼남벼	1994
51	주안벼	설악벼/고시히카리//삼남벼	1994
52	금오벼 1호	주케이 830호///칸토 PL5//밀양 79호/아이치 65호	1995
53	남천벼	YR3299-34-2-2/수원 318호	1995
54	내풍벼	밀양 97호//오우 316호/이리 373호	1995
55	다산벼	수원 332호/수원 333호	1995
56	삼천벼	운봉벼/후케이 126호	1995
57	안산벼	Rax102-123/서남벼	1995
58	일미벼	밀양 96호//밀양 95호/섬진벼	1995
59	중화벼	에쓰난 126호/복광벼//대성벼	1995
60	향남벼	이리 389호/도호쿠 144호	1995
61	화신벼	이리 390호/밀양 110호	1995
62	금오벼 2호	밀양 96호//YR6419ACP13/팔공벼	1996
63	대산벼	밀양 95호/수원 366	1996
64	대진벼	대성벼/섬진벼	1996
65	동안벼	밀양 95호/HR5119-12-1-5	1996
66	서진벼	아이치 37호/상풍벼	1996
67	향미벼 2호	IR841-76-1/수원 334호	1996
68	화삼벼	밀양 101호/이리 389호	1996
69	그루벼	수원 313호/철원 42호	1997

번호	품종명	교배조합	육성연도
70	남강벼	밀양 96호//이리 380호/밀양 95호	1997
71	남평벼	이리 390호/밀양 95호	1997
72	상주찰벼	YR4117-99-1-1-2-4/YR4200-2-3-2-2	1997
73	아량향찰벼	신선찰벼/도호쿠 144호	1997
74	영해벼	밀양 101호/추청벼	1997
75	화동벼	대관벼/SR13345-20-1	1997
76	화명벼	M101/SR14779-HB234-32	1997
77	흑남벼	탐진벼/상해향혈나	1997
78	흑진주벼	용정 4호/세금	1997
79	광안벼	남양 7호/SR14779-HB234-31	1998
80	농호벼	주케이 314호/밀양 79호	1998
81	동진찰벼	밀양 95호//SR11155-4-2/도요니시키	1998
82	만안벼	밀양 110호/밀양 110호//영덕 7호	1998
83	미향벼	이리 392호//섬진벼/도호쿠 144	1998
84	상미벼	삼백벼/오우 316호	1998
85	수라벼	수원 345호/칸토 PL4//수원 345호	1998
86	안다벼	SR11532-4/SR14502F2	1998
87	운두벼	오대벼/진부 13호	1998
88	원황벼	밀양 96호//이리 390호/밀양 95호	1998
89	인월벼	후케이 127호/운봉벼	1998
90	호안벼	칸토 149호/밀양 95호	1998
91	화봉벼	밀양 95호/이리 390호//밀양 101호/이리 390호	1998
92	문장벼	상산벼/수원 397호	1999
93	새추청벼	(대성벼/추청벼*5)+(봉광벼/추청벼*5)	1999

번호	품종명	교배조합	육성연도
94	설향찰벼	미야가오리/수원 357호*2	1999
95	소비벼	화영벼/YR13604ACP22	1999
96	수진벼	밀양 95호/밀양 96호//밀양 106호	1999
97	신동진	벼화영벼/YR13604ACP22	1999
98	아름벼	YR3299-34-2-2/수원 318호	1999
99	안성벼	(SR12264-2/수원 345호*6)+(대성벼/수원 345호*6) +(수원 365호/수원 345호*6)	1999
100	중안벼	남양 7/합천 1호*2	1999
101	진품벼	SR14703-60-5-GH1/수원 353호	1999
102	고아미벼	밀양 95호//김천앵미/일품벼*2	2000
103	만풍벼	낙동벼//이리 390호/밀양 111호	2000
104	삼평벼	수원 345호/SR11340-46-5-4-1	2000
105	적진주벼	오봉벼*2/긴까락샤레	2000
106	주남벼	화영벼//상주벼/일품벼	2000
107	중산벼	삼백벼/밀양 107호	2000
108	진봉벼	수원 349호/운봉벼	2000
109	태봉벼	SR13390-13-3-5-2/진부 10호	2000
110	해평벼	밀양 101호/아키치카라	2000
111	호진벼	화영벼//동진벼/밀양 95호	2000
112	화안벼	수원 362호/SR10778-2-2	2000
113	흑향벼	이리 390호/SX864	2000
114	동진 1호	화영벼/HR12800-AC21	2001
115	만월벼	밀양 120호/화영벼	2001
116	만추벼	진미벼/운봉 12호	2001

번호	품종명	교배조합	육성연도
117	백진주벼	일품벼 MNU 돌연변이	2001
118	새계화벼	일품벼//만금벼/주케이 830호	2001
119	새상주벼	중화벼/삼백벼	2001
120	석정벼	남양 7호/SR11340-30-4-1-3-2	2001
121	설갱벼	일품벼 MNU 돌연변이	2001
122	영안벼	밀양 122호/YR13616ACP1	2001
123	종남벼	밀양 96호/YR12734-B-B-22-2	2001
124	고아미 2호	일품벼 MNU 돌연변이 계통	2002
125	금안벼	SR11878-14-4-1/수원 345호	2000
126	남일벼	일품벼/남양 7호	2002
127	대평벼	HR14028-AC5/밀양 122호	2002
128	만미벼	밀양 95호//북륙반나/밀양 95호	2002
129	만호벼	신금오벼/HR11299-B-B-52	2002
130	삼덕벼	YR12733-B-B-5-1/밀양 101호	2002
131	서간벼	HR11752-11-14-4/HR10213-11-3-5	2002
132	태성벼	철원 49호/진부 10호	2002
133	한아름벼	밀양 103호/수원 405호	2002
134	삼광벼	수원 361호/밀양 101호	2003
135	상옥벼	밀양 101호/YR8697ACP19	2003
136	서평벼	화영벼/HR11752-11-1-4-3	2003
137	조안벼	진미벼/진부 10호	2003
138	평안벼	익산 438호/HR15003-69-B-3	2003
139	호평벼	히도메보레/화진벼	2003
140	화랑벼	익산 420호/YR13616ACP1	2003

번호	품종명	교배조합	육성연도
141	흑광벼	길림흑미/일품벼//화진벼	2003
142	고운벼	진부 10호/진부 17호	2004
143	고품벼	SR10252-32-2-2-2/수원 366호//SR15140-58-2-2-3	2004
144	운광벼	익산 435호/철원 54호	2004
145	조생벼	흑찰동북나 149호/Sx864	2004
146	청호벼	이리 407호/이리 417호	2004
147	풍미벼	밀양 101호/기누히카리	2004
148	한마음벼	밀양 165호//YR16365Acp13/익산 438호	2004
149	해평찰벼	해평벼 변이종	2004
150	보석찰벼	화영벼//탐진벼/2*신선찰벼	2004
151	금오 3호	YR17102F2/신금오벼/YR15727-B-B-B-102	2005
152	동진 2호	밀양 165호///익산 438호//HR14018-B-1-1/익산 435호	2005
153	만나벼	익산 438호/일미벼	2005
154	백진주 1호	일품벼(MNU)-10-2/수원 408호	2005
155	서안 1호	남양 9호/계화 17호	2005
156	신운봉1호	상주벼/운봉 17호	2005
157	오대 1호	일품벼/진부 10호	2005
158	온누리벼	밀양 165호/HR14732-B-67-2-3	2005
159	주안 1호	일품벼/SR18392-HB683-104	2005
160	큰눈벼	일품벼 MNU 돌연변이	2005
161	풍미 1호	YR13616ACP1/밀양 122호	2005
162	하남벼	밀양 64호/4*밀양 165호	2005
163	화신 1호	HR13185-B-B-100//이리 407호/HR14732-B	2005

번호	품종명	교배조합	육성연도
164	강백벼	수원 345호*4/DV85	2006
165	녹양벼	용문벼/IR67396-16-3-3-1	2006
166	눈보라	익산 433호/미야다마모치	2006
167	다미벼	익산 438호/익산 426호	2006
168	다산 1호	Bengal/용주벼//다산벼	2006
169	동해진미벼	밀양 64호/4*밀양 165호	2006
170	말그미벼	화영벼/아이치 76호	2006
171	산들진미벼	삼백벼/용성 12호	2006
172	신명흑찰벼	흑남벼/밀양 153호	2006
173	주남조생벼	밀양 165호*3/고시히카리	2006
174	청담벼	SR19200-HB826-34/주안벼, SR22320-3-41-2-1	2006
175	청아벼	기누히카리/양주선발	2006
176	큰섬벼	다산벼/남영벼	2006
177	한강찰 1호	한강찰벼/YR8208-20	2006
178	해찬물결벼	HR13894-53-B-4-5/YR18009 Acp60	2006
179	호품벼	밀양 165호*2/익산 438호	2006
180	홍진주벼	SR18164F4/수원 383호	2006
181	황금누리벼	밀양 165호/HR14732-B-67-2-3	2006
182	황금보라벼	진부벼//오대벼/후케이 126호	2006
183	성조찰	왕찰벼 변이종	2007
184	노른자찰	신선찰//신선찰/쌀사레	2007
185	금탑	신선찰//주안벼/쌀사레	2007
186	서은	화청벼 MNU 돌연변이	2007
187	흑가위찰	익산 427호/가위찰	2007

번호	품종명	교배조합	육성연도
188	서금	일품벼/TR34151	2008
189	청무	히노히카리 변이종	2008
190	자채찰	KR92091-B-B-234-5-1/KR92009-125-1-w2-B-5-1	2008
191	호반	히토메보레/진부 10호	2008
192	황금노들	밀양 165호/HR15151-B-21-3	2008
193	백설찰	익산 435호/익산 425호	2008
194	흑설	설갱벼/흑진주벼	2008
195	고아미3호	수원 464호/대안벼	2008
196	운미	삼천벼/HR17870	2008
197	청안	SR15225-B-22-1-2-1/익산431호	2008
198	새누리	계화 17호/HR14026-B-68-6-1-5	2008
199	평원	진부 19호/삼지연 4호	2008
200	보라미	밀양 176호/익산 444호	2008
201	칠보	영덕 26호/고시히카리	2008
202	한들	상주벼/Tomoemasari//그루벼	2008
203	조광	밀양 187호/YR21113-B-B	2008
204	다청	익산 450호/YR21258-GH3	2009
205	보석	기누히카리//HR19621 AC6/소비벼	2009
206	진백	HR15204-38-3//밀양 165호/익산 438호	2009
207	진수미	밀양 165호//YR16195-B-B-B-21-1/밀양 169호	2009
208	백옥찰	동진찰벼//YR17334 Acp24/화영벼	2009
209	단미	Sugary/섬진벼	2009
210	조아미	삼백벼//Yukara/Tonggae112	2009
211	해오르미	밀양 165호/해평벼	2009

번호	품종명	교배조합	육성연도
212	하이아미	진미벼TR/계화벼	2009
213	청청진미	이리 401호/일품벼	2009
214	보석흑찰	SR18638-B-B-B-18-2/흑미H31	2009
215	드래찬	밀양 165호//익산 438호/YR19105 Acp222	2009
216	신농흑찰	흑남벼/밀양 153호	2009
217	신토흑미	흑남벼/밀양 153호	2010
218	미품	고시히까리//계화 21호/주남벼	2010
219	조평	HR16683-46-3-1/HR18129-B-16-1-4	2010
220	신백	온누리벼(익산 469호)/HR23966-22-1-2	2010
221	건강홍미	Sugary*2/밀양 152호	2010
222	친농	익산405호/YR21258-GH3	2010
223	설백	수원 460호/그루벼	2010
224	한아름 2호	밀양 181호/밀양 154호	2010
225	동보	영덕 19호/고시히카리	2010
226	월백	밀키퀸/그루벼	2010
227	원명	고시히카리 방사선 돌연변이	2010
228	한설	진부 24호/운두벼(진부 25호)	2010
229	조운	SR14880-173-3-3-2-2-2/운봉 20호	2010
230	청해진미	삼지연/SR14694-57-4-2-1-3-2-2//이리 402호	2010
231	고아미 4호	수원 464호/대안벼	2010
232	미광	SR15926-10-2-3-3-3/익산 431호	2010
233	다산 2호	수원 450호/SR21356	2010
234	목우	다산벼//수원 431호/IR71190-45-2-1	2010
235	대찬	농안벼/2*수원 403호	2010

번호	품종명	교배조합	육성연도
236	영호진미	히토메보레/주남벼	2010
237	청남	기누히카리/밀양 189호	2010
238	세계진미	밀양 160호/용주벼	2010
239	진보	영덕 26호/고시히카리	2010
240	중모 1009호	익산 443호/밀양 165호	2010
241	만종	영덕 34호/남평벼	2010
242	호농	운봉 31호(소비벼/철원 54호) MNU	2010
243	금영	삼백벼/익산 423호//중산벼(상주 22호)	2010
244	상미	삼백벼/Qu 316	2011
245	맛드림	풍미벼(영덕 34호)/일품벼	2011
246	오륜	금안벼(수원 462호)/영덕 34호	2011
247	산호미	상미벼//상주 24호/화영벼	2012
248	친들	HR22538-GHB-36-4/익산 471호	2012
249	새오대	그루벼/남일벼(수원 472호)	2012
250	청운	금안벼/밀양 192호	2012
251	중생골드	영덕 34호//Yumetsukushi/새상주	2012
252	새일미	일미벼*5/화영벼	2012
253	설레미	YR19218/상주 22호	2012
254	대보	YR21247-68-1/영덕 35호	2012
255	수광	HR20017-B-19-3-1/HR19574-13-63-2	2012
256	소다미	온누리벼(익산 469호)/운봉 31호	2012

5. 슈퍼자미벼 · 대립자미벼 · 큰눈자미벼의 육성 계보도

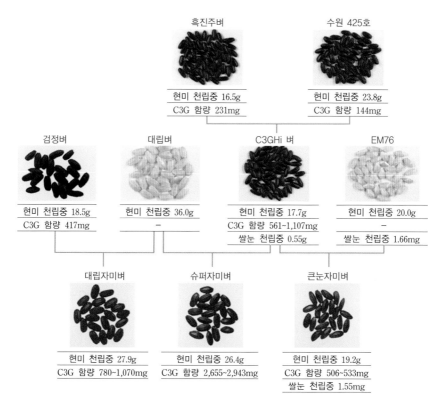

그림 1 슈퍼자미벼, 대립자미벼, 큰눈자미벼 육성 계보도

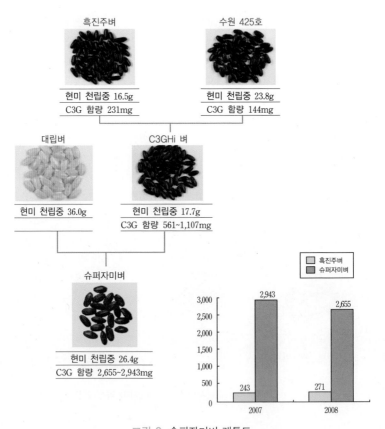

슈퍼자미벼

흑진주벼	수원 425호
현미 천립중 16.5g C3G 함량 231mg	현미 천립중 23.8g C3G 함량 144mg

대립벼	C3GHi 벼
현미 천립중 36.0g	현미 천립중 17.7g C3G 함량 561~1,107mg

슈퍼자미벼

현미 천립중 26.4g
C3G 함량 2,655~2,943mg

그림 2 슈퍼자미벼 계통도

- ○ 키(간장) : 약 75cm
- ○ 수량 : 600~630kg/100
- ○ C3G 함량 : 2,650~2,950mg
- ○ 출수기 : 8월 25일
- ○ 현미 천립중 : 26.4g

(류수노, 2011)

대립자미벼

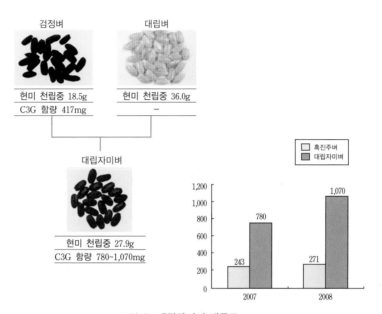

검정벼

현미 천립중 18.5g
C3G 함량 417mg

대립벼

현미 천립중 36.0g
―

대립자미벼

현미 천립중 27.9g
C3G 함량 780~1,070mg

□ 흑진주벼
■ 대립자미벼

그림 3 대립자미벼 계통도

○ 키(간장) : 약 80cm
○ 수량 : 480kg/10a
○ C3G 함량 : 780~1,070mg
○ 출수기 : 8월 15일
○ 현미 천립중 : 27.9g

(류수노, 2013)

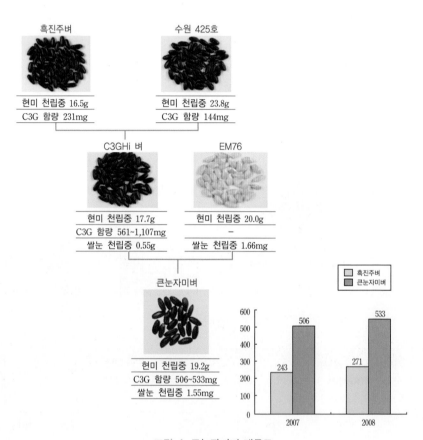

큰눈자미벼

흑진주벼
현미 천립중 16.5g
C3G 함량 231mg

수원 425호
현미 천립중 23.8g
C3G 함량 144mg

C3GHi 벼
현미 천립중 17.7g
C3G 함량 561~1,107mg
쌀눈 천립중 0.55g

EM76
현미 천립중 20.0g
-
쌀눈 천립중 1.66mg

큰눈자미벼
현미 천립중 19.2g
C3G 함량 506~533mg
쌀눈 천립중 1.55mg

흑진주벼
큰눈자미벼

	2007	2008
흑진주벼	243	271
큰눈자미벼	506	533

그림 4 큰눈자미벼 계통도

○ 키(간장) : 약 87cm   ○ 출수기 : 8월 10일
○ 수량 : 420kg/10a   ○ 현미 천립중 : 18.9g
○ C3G 함량 : 506~533mg

(류수노, 2012)

빠른슈퍼자미

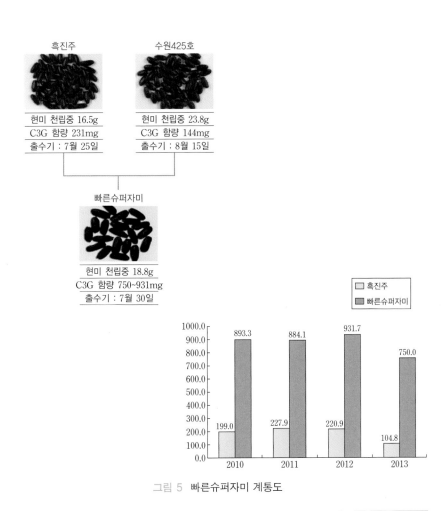

흑진주

현미 천립중 16.5g
C3G 함량 231mg
출수기 : 7월 25일

수원425호

현미 천립중 23.8g
C3G 함량 144mg
출수기 : 8월 15일

빠른슈퍼자미

현미 천립중 18.8g
C3G 함량 750~931mg
출수기 : 7월 30일

□ 흑진주
■ 빠른슈퍼자미

그림 5 빠른슈퍼자미 계통도

○ 키(간장) : 약 63cm   ○ 출수기 : 7월 30일
○ 수량 : 463.3kg/10a   ○ 현미 천립중 : 18.8g
○ C3G 함량 : 750~931mg

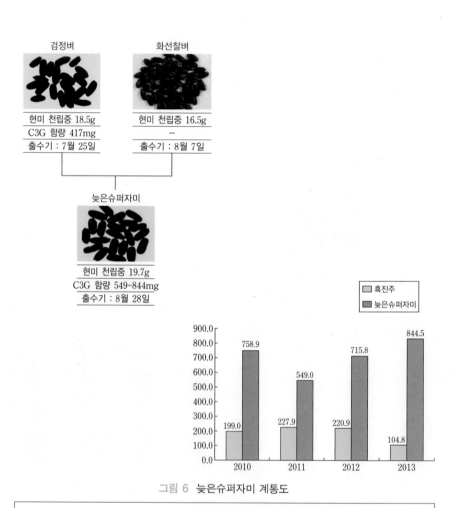

늦은슈퍼자미

검정벼

현미 천립중 18.5g
C3G 함량 417mg
출수기 : 7월 25일

화선찰벼

현미 천립중 16.5g
–
출수기 : 8월 7일

늦은슈퍼자미

현미 천립중 19.7g
C3G 함량 549~844mg
출수기 : 8월 28일

흑진주
늦은슈퍼자미

	2010	2011	2012	2013
흑진주	199.0	227.9	220.9	104.8
늦은슈퍼자미	758.9	549.0	715.8	844.5

그림 6 늦은슈퍼자미 계통도

○ 키(간장) : 약 91cm　　　　　　○ 출수기 : 8월 28일
○ 수량 : 493.3kg/10a　　　　　　○ 현미 천립중 : 19.7g
○ C3G 함량 : 549~844mg

구분	출수기	간장(cm)	수장(cm)	포기당 이삭수(No.)	이삭당 벼알수(No.)	현미 천립중(g)
흑진주	7.25	74.0	21.4	9.6	85.2	17.1
슈퍼자미벼	8.25	74.9	19.9	10.6	118.5	26.2
대립자미벼	8.15	80.6	18.6	10.9	87.2	27.9
큰눈자미벼	8.10	87.1	21.5	10.4	114.2	18.9
빠른슈퍼자미	7.30	63.5	21.3	9.4	98.0	18.8
늦은슈퍼자미	8.28	91.0	20.0	10.0	98.0	19.7

구분	정조				현미			
	길이 (mm)	폭 (mm)	두께 (mm)	장폭비	길이 (mm)	폭 (mm)	두께 (mm)	장폭비
흑진주	7.63	3.11	2.02	2.45	5.77	2.46	1.79	2.35
슈퍼자미벼	8.44	3.90	2.16	2.16	5.90	3.15	2.03	1.87
대립자미벼	8.39	4.00	2.24	2.10	6.08	3.24	1.96	1.88
큰눈자미벼	8.20	3.34	2.05	2.46	5.67	2.65	1.91	2.14
빠른슈퍼자미	8.42	3.26	2.02	2.58	5.91	2.49	1.79	2.37
늦은슈퍼자미	7.66	3.07	2.02	2.49	6.03	2.83	1.81	2.13

최근 세계는 2007~2008년 곡물가격 급등으로 세계적인 식량위기를 경험한 바 있다. 또한 2008년 9월 세계 금융위기가 발생하여 세계적인 위기상황에 처하였다. 일시적이나마 세계 금융위기는 식량수요를 급감시킴으로써, 국제곡물 가격이 급락하여 세계 식량위기는 해소되었으나, 전 세계적으로 식량안보 논의를 확산시키는 계기가 됨은 물론, 우리나라 농·식품산업에 중대한 문제점을 제시하였다. 즉, 향후 세계 식량위기에 대응하는 작물생산기술 기반의 확보, 신축적이고 효율적인 작물생산기술 개발, 미래 대비 국제 경쟁력 있는 작물생산기술에 대한 근본적인 대안을 수립해야 할 때이다.

1. 국내외 식량생산 환경변화

1.1. 국제 동향

최근 지구환경은 온난화의 악순환이 커짐에 따라 저탄소 녹색성장이 불가피하다. 북극과 고위도 지방의 얼음이 급격히 감소되어 열 흡수가 증가됨에 따라 오히려 수자원 부족이 심화되어 사막화가 급속히 진전되고 있으며(그림 5), 자원제약으로 에너지·식량문제 해결에 어려움에 직면하였다. 또한 현재의 고에너지·저생산 농업정책으로는 식량문제 해결에 한계가 있다는 것을 공감하게 되었다.

특히 급속한 지구 온난화와 관련하여, 정부간기후변화협의체(Intergovernmental Panel on Climate Change, IPCC)는 최근 보고에서 기온이 1℃ 상승할 때 곡물생산량은 10% 감소하고, 기온 2.5℃ 상승 시 생물 30% 이상 멸종 위험에 처하게 될 것이며, 기온 3℃ 이상 상승 시 3,000만~1억 2000만 명이 굶주리게 될 것이라고 경고하였다(그림 6).

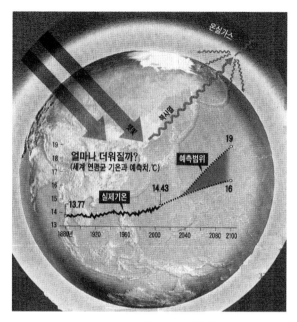

그림 5 지구 온난화의 악순환

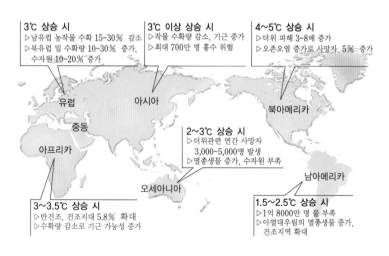

자료 : IPCC, 2009

그림 6 식량안보를 위협하는 지구 온난화

이러한 제반의 기후변화는 세계 곡물생산량·재고량이 감소를 가져와 2006년에는 세계 쌀 재고율이 32년 만에 최저치인 16.1%에 불과하였다. 또한 기온과 강수량의 불확실성을 증가시켜 생산 패턴을 바꾸고 생산성을 변화시킬 것이다.

화석에너지 사용을 줄이기 위해 대체에너지 사용이 늘어날 경우 곡물의 가격은 더욱 불안정해지고 높아질 가능성이 있으며, 농약과 비료의 과다사용은 수질오염 등 환경에 악영향을 미치고 생물 다양성을 훼손할 것이다.

특히 식량수급 측면에서 볼 때, 최근 기후변화 대응의 일환으로 바이오 연료용 곡물 사용이 크게 증가하여 옥수수 등 원료작물의 가격이 폭등하였고, 더불어 수수 등 대체작물의 가격이 폭등하고 있다(그림 7).

한편 2006년 UN의 세계 인구 전망에 따르면 2050년 세계 인구는 92억

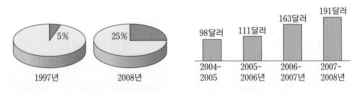

미국 생산 옥수수 중 바이오 연료 사용 비율   톤당 수수 가격 추이

그림 7 바이오 연료용 곡물사용 비율과 대체작물 가격

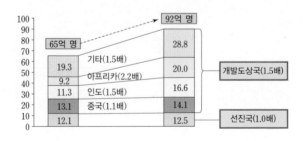

그림 8 세계 인구의 전망

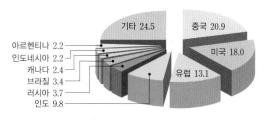

아르헨티나 2.2
인도네시아 2.2
캐나다 2.4
브라질 3.4
러시아 3.7
인도 9.8

기타 24.5
중국 20.9
미국 18.0
유럽 13.1

그림 9 주요 곡물 생산의 국가별 비중

명 수준(2010년 현재 69억 명)으로 증가할 것이며, 이러한 세계 인구 증가
는 선진국보다는 개발도상국(중국, 인도, 아프리카)이 주도하게 될 것으로
보고하였다(그림 8). 이들 개발도상국의 최근 육류소비 증가 추세를 볼
때, 곡물사료 수요 증가를 비롯한 전체 곡물수요가 급증하게 될 것이다.
실례로 중국의 1인당 육류소비량은 1980년 20kg에서 2008년 50kg으로
2.5배 증가하였고, 쇠고기 1kg 생산에 곡물 11kg가 소요되고, 돼지고기
1kg 생산에 곡물 7kg이 소요되는 연구 결과가 보고된 바 있다.

  기후변화에 따른 곡물생산량의 감소와 바이오 연료용 곡물 사용, 개발
도상국 주도의 세계 인구의 증가는 차후에 세계적인 식량 부족을 초래할
것이 명백하다. 현재의 주요 곡물 생산은 미국 · 중국 · 캐나다 · 브라질 ·
아르헨티나 · 러시아 등 소수 국가에 집중되어 있으며(그림 9), 이들 국가
는 자국의 곡물 가격 안정을 위해 곡물수출을 제한하고 있는 실정이다.

  이상에서 점진적인 곡물수요 증가에도 불구하고, 기후악화에 따른 곡
물생산 감소는 식량 민족주의를 야기하고, 곡물 수출국의 수출제한은 식
량파동으로 발전할 것이며, 결국에는 식량안보 차원의 세계적인 식량위
기에 이르게 될 것이다(그림 10).

  이에 세계 각국은 자국의 식량안보를 위해 다방면으로 대안을 마련하
고 있다. 가까운 일본의 경우, 식료 · 농업 · 농촌 기본법을 제정하고, 식
량자급률 목표치를 재조정하였고(칼로리 기준 자급률 : 40% → 45% →

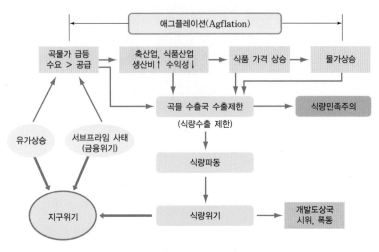

그림 10 식량안보를 위협하는 세계의 식량위기

50%), 2020년 이내에 60%까지 높이겠다는 구상을 제시하고 있으며, 식육기본법 제정 및 지산지소 운동을 적극적으로 추진하고 있다.

식량자급률이 129%에 이르는 스위스의 경우, 연방헌법과 연방법으로 평상시 칼로리 기준 자급률 목표치를 65%로 정하고, 기업·가정의 식량비축을 의무화하며 식료생산·수입·비축의 공급 계획을 수립하고 있다.

스웨덴의 경우 현재 126%의 식량자급률을 확보하고 있는데도 헌법에 식량공급 목표 수립근거를 제시하고 있으며, 식량공급 목표를 수립하고 국가·가정 내 식량 비축 및 유사시 배급제를 포함하고 있다.

중국의 경우에도 2020년까지 95% 이상의 식량자급률을 목표로 설정하고 있으며, 특히 쌀과 밀의 완전자급, 엄격한 농지보호제도를 실시하고 있다.

1.2. 국내 동향

우리나라의 식량자급률은 1970년 80.5%, 1980년 74%, 1990년 43.1%, 1995년 30%, 2000년 29.7%, 2009년 25.8%로 자급률이 급격히 낮아지고 있다. 특히 2008년 작물별 자급률을 보면, 고구마·감자(98.5%), 쌀(93.9%), 보리(36.1%), 콩(7.1%), 옥수수(0.9%), 밀(0.4%) 순으로 쌀과 서류를 제외한 작물의 자급률이 대단히 낮았으며, 옥수수와 밀은 대부분 수입에 의존하고 있는 실정이다(그림 11).

또한 농경지 면적, 경지이용률, 식량작물 생산이용률은 지속적으로 감소하는 추세로 농경지 면적이 1970년 229만 8000ha에서 1990년 210만 9000ha, 2000년 188만 9000ha, 2007년 178만 2000ha로 감소하였고, 2009년도에는 173만 7000ha로 조사되었다. 경지이용률 또한 1970년 142.1%에서 1990년 113.3%, 2000년 110.5%로 감소하여 2007년에는 103.1%로 조사되었다. 식량작물 생산이용률은 1970년 82.9%에서 2007년 62.6%로 감소하였다.

특히 2009년 우리나라의 총 경지면적은 173만 7000ha로 1년 전의 175만 9000ha보다 무려 1.3%(2만 2000ha) 감소한 것으로 조사되었다. 최근

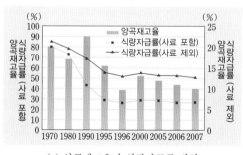

(a) 양곡재고율과 식량자급률 변화

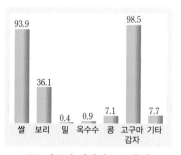

(b) 작물별 식량자급률 추이

자료 : 농림수산식품 주요통계, 2008

그림 11 양곡재고율과 식량자급률 변화 추이

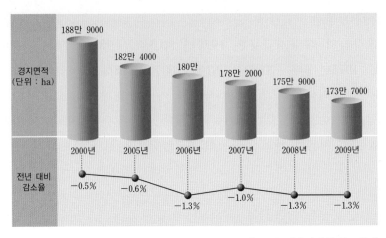

자료 : 농림수산식품 주요통계

그림 12 우리나라 연도별 경지면적 추이

5년(2004~2008)간 도로 · 공업시설 · 주거시설 등으로 전용된 농지는 31만 5000건, 9만 ha에 이른다. 강원도 전체 경지면적(11만 ha)에 육박하는 농지가 5년 사이 자취를 감춘 것이라고 할 수 있다. 이러한 추세대로 간다면 2020년까지 식량안보 차원에서 확보해야 할 최소 농지면적인 160만ha를 유지하는 것은 불가능해 보인다(그림 12).

이러한 국내의 농업환경의 악화에도 불구하고, 기후변화에 따른 세계적인 식량위기를 대응하기 위한 국가적 차원의 대책은 너무나 미비한 실정이다.

더욱이 2007년 12월 발표된 '2015년 식량자급률 목표치'에 따르면, 주식용 곡물자급률 목표치는 54%, 사료용 포함 곡물자급률 목표치는 25%로 설정되었고, 칼로리 자급률 목표치는 48%, 품목별 자급률 목표치로서 쌀 90% 등이 설정되었다(그림 13).

이는 현재의 식량자급률보다 낮은 수준으로 국내 식량안보 보장과는 전혀 맞지 않는 목표설정이며, 외국의 식량자급률 법제화와는 달리 법적

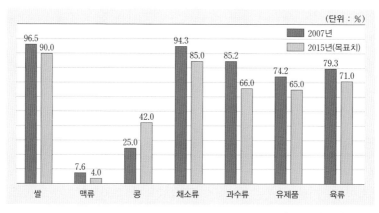

자료 : 농림수산식품부

그림 13 우리나라 주요 품목별 자급률 목표치

구속력 또한 갖고 있지 않다. 또한 최근 일련의 농식품정책은 농지전용 규제완화, 농업진흥지역 전용 시 대체농지 조성의무 면제, 새만금 농지 비율 축소 등 국내 생산기반의 보호에 역행하고 있다고 하겠다.

따라서 식량생산 환경 중 농업생산 기반 유지의 중요성이 커지고 있는

자료 : 농촌진흥청, 2002

그림 14 광의의 순환농업과 협의의 순환농업

실정이며, 과거의 폐쇄순환형 농업에서 개방순환형 농업으로의 급속한 변화가 시도되고 있다. 그러나 현실은 경종농가와 축산농가 내의 자원 순환을 의미하는 협의의 순환농업뿐만 아니라 소비자를 아우르는 광의의 순환농업이 거의 이루어지지 못하여 농경지의 지력저하가 심화되고 있는 실정이다(그림 14).

한편 국가별 1인당 연간 식품 수입량을 볼 때, 우리나라는 2001년 410kg에서 2007년 456kg으로 일본이 2001년 396kg에서 2007년 387kg으로 감소한 데 비해 꾸준히 증가 추세에 있으며, 2007년 기준으로 프랑스(386kg), 영국(434kg)보다 많은 양을 수입하고 있는 실정이다[그림 15 (a)]. 또한 1인당 연간 푸드 마일리지(food mileage, 식품의 수송량×생산지에서 소비지까지 수송거리)도 프랑스(869t/km), 영국(2,584t/km)에 비해 월등히 높은 5,121(t/km) 수준을 보였다. 푸드 마일리지가 높다는 것은 결국 많은 양의 식품을 먼 거리의 수송을 통해 공급하는 것으로 그만큼 배출되는 온실가스 양이 많다는 것이다[그림 15 (b)].

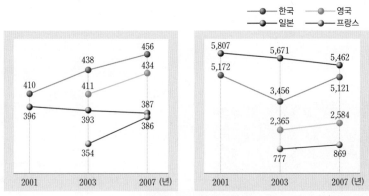

(a) 1인당 연간 식품 수입량(단위 : kg)　(b) 1인당 연간 푸드 마일리지(단위 : t/km)

자료 : 한국과학기술한림원, 2009

그림 15 국가별 1인당 연간 식품 수입량과 푸드 마일리지

2. 국내외 연구 동향

1960년대에 개발한 밀과 벼의 다수성 품종은 작물의 생산성을 비약적으로 증가시켜 식량 부족을 해결하는 데 커다란 공헌을 하였다. N. Boraug 박사의 밀 품종(Sonora 64), H. M. Beachel 박사의 IR8 품종, 한국의 통일벼 등이 녹색혁명을 주도한 품종이라고 할 수 있다. 이러한 생산성 증가는 1970년대 이래로 쌀 가격을 80%까지 낮추어 저소득 소비자들이 값싸게 주식을 구입할 수 있게 되었고, 농민들은 낮은 생산비로 높은 수익을 창출할 수 있게 됨으로써 아시아 저개발국가에서 식량안보를 확립하는 계기가 되었다. 또한 아시아 지역에서 녹색혁명의 효과에 의하여 초기 경제성장이 촉진되었으며, 중국의 경우 집단농장제도의 폐지, 가구단위의 책임생산제도 도입, 조달체계 개혁 및 농업 가격 자유화 등을 통하여 국가의 농업개혁의 기초가 되었다.

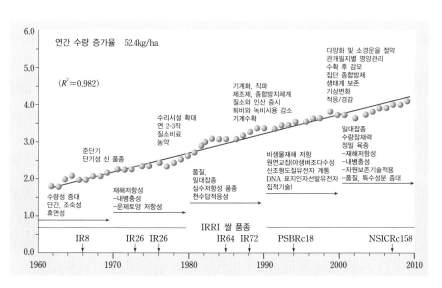

자료 : 한국과학기술 한림원, 2009

그림 16 쌀 수량성 변화와 관련 주요기술

이러한 성과로 인해 세계 쌀의 수량성은 1960년 이래 현재까지 연간 52.4kg/ha의 증가를 보였는데, 이는 준단간 초형, 품종의 높은 질소반응, 주요 병충해 저항성 등이 크게 향상된 단간 다수성 품종개발과 더불어 시비량·재식밀도 증대 등 신품종에 적응하는 재배기술의 개발, 관개시설의 확대와 비료·농약 등 충분한 생산자재 공급 및 농업생산의 기계화 확충에 의한 결과이다(그림 16).

한편 미국 일리노이 대학에서는 옥수수 종자의 지방 함량 및 단백질 함량에 대한 선발시험을 1896년부터 지금까지 수행하고 있는데, 고단백 계통(IHP), 저단백 계통(ILP), 고지방 계통(IHO), 저지방 계통(ILO)으로 명명하여 격리포장에서 76세대에 걸쳐 선발한 결과, 선발에 의해 지방 함량과 단백질 함량이 꾸준히 증가 또는 감소하는 결과를 보였다. 또한 48세대에서 고단백 계통으로부터 새로운 저단백 계통(RHP)을, 저단백 계통에서는 새로운 고단백 계통(RLP)을 선발하였고, 지방 함량에 대해서도 고지방 계통에서 저지방 계통(RHO)을, 저지방 계통에서 고지방 계통(RLO)을 선발한 경우 세대가 진전함에 따라 계속적으로 증가 또는 감소하는 결과를 보여 앞으로도 옥수수의 단백질 함량과 지방 함량의 개량 가능성은 충분하다는 것을 보여 주었다. 이는 품종육성의 중요성과 함께 품종개량을 위해서는 오랜 시간과 노력이 필요하다는 것을 보여 주는 예라고 할 수 있다(그림 17).

이러한 전통적인 작물개량 기술은 최근 식물의 게놈지도 완성과 유전자 형질전환 기술의 개발 등 생물공학적 육종방법을 결합하는 첨단농업기술의 융·복합화가 급속히 이루어지고 있다.

따라서 농업은 식량안보 차원을 넘어 다른 산업과 융·복합되며 첨단미래 산업으로서 그 중요성이 높아지고 있는데, 신종플루 치료제인 타미플루는 한약재 팔각회향에서 추출하였고, 유채꽃은 바이오에너지로, 옥수수는 친환경 플라스틱 등의 신소재로 각광받고 있는 등 농업이 생명공

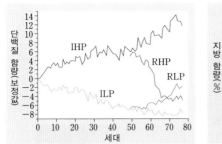
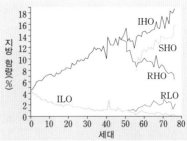

자료 : 박순직, 재배식물육종학, 2009

그림 17 옥수수 단백질과 지방 함량 증가

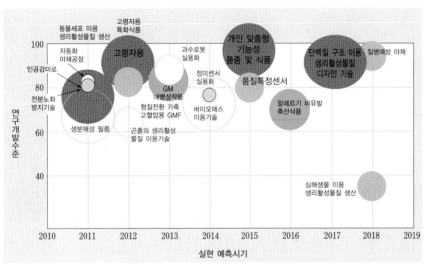

자료 : 교육과학기술부(일본 문부과학성 기술예측보고서
'2030년의 과학기술'을 재구성하여 도식화함)

그림 18 농수산식품 분야의 미래기술 및 실현 예측시기

학·대체에너지 등 첨단산업과 융합 또는 기초자산으로 활용되는 사례
는 헤아릴 수 없을 정도로 많아지고 있다.

　최근 일본은 '2030년의 과학기술'이라는 주제의 기술예측보고서에서

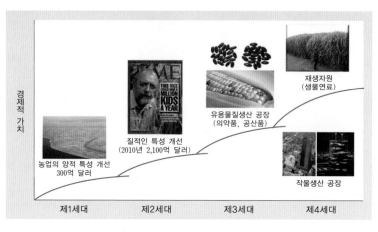

그림 19 첨단농업 기술의 진화 예측

고령자용 특화식품 개발 및 개인 맞춤형 기능성 품종 및 식품 개발, 생리활성물질 디자인 기술 등이 농수산식품 분야의 미래기술로 등장할 것으로 여기면서 그 실현 예측시기를 밝힌 바 있다(그림 18).

결과적으로 첨단농업 기술의 융·복합화는 농업의 질적인 특성개성과 생리활성물질 등 유용물질 생산 및 생물연료로서의 재생자원 및 작물생산공장 등을 실현함으로써 방대한 경제적 가치를 제공할 것으로 기대된다(그림 19).

국내에서도 지속적 쌀 소비감소로 수급 불균형이 심화되고, 웰빙문화 확산에 따른 고품질 기능성 농식품에 대한 수요 급증, 기후변화 대응 저탄소 녹색성장 기술의 필요성이 증대됨에 따라 기존의 작물개량 기술의 한계를 극복하기 위한 적극적인 연구개발이 요구되고 있다.

3. 작물 분야 기술개발의 향후 과제

첫째, 식량안보를 위한 작물생산 기반 확충이 선행되어야 한다.

이를 위해서는 쌀의 수급균형, 수입이 많은 콩·밀·조사료 등의 자급률 향상이 시급하며, 축산물 자급을 위한 경지필요량의 61%에 불과한 현재의 경지면적을 감안하여 일정 면적의 경지 유지 및 경지이용률 제고가 우선되어야 한다.

또한 대량 식량수입국으로서 식량위기 관리 방안을 조속히 마련하기 위해 식량위기 상황 대비 최대 식량생산 시스템을 개발해야 하며, 무엇보다 식량자급률 목표치를 달성하기 위한 구체적이고 법적 구속력 있는 국가 차원의 로드맵 작성이 필요하다.

둘째, 식량안보를 위한 국가 R&D 투자가 증대되어야 한다.

자급률 향상을 통하여 식량안보를 확보하기 위해서는 농업생산 기반 구축, 연구개발 투자에 많은 예산이 소요된다. 그러나 식량작물 연구는 타 분야와 달리 민간 부문에서 연구개발 투자를 기피하는 분야이기 때문에 국가 예산에서 확보되어야 한다.

2003～2007년 국가 전체 예산의 연평균 예산 증가율은 8.5%이나 농림예산 증가율은 4.4%로 절반 수준에 불과하며, 2007년 농림예산 중 R&D 비율은 3.5%로 국가 전체 예산에 대한 R&D 비중인 4.7%보다 낮다. 이는 타 분야에 비하여 농업 분야 R&D 투자가 상대적으로 낮은 것으로, R&D 투자효과는 시차를 두고 나타나므로 당장은 아니더라도 장차 식량안보에 지대한 영향을 미칠 것이다. 식량안보를 위한 연구개발 투자에 대한 직접적인 자료는 없으나, 우리나라 농업 R&D 예산의 약 75%의 비중을 차지하는 농촌진흥청의 각 기관별 예산 점유율의 변화로부터 간접적으로 추론해 볼 때, 식량안보와 관련한 식량작물 연구를 담당하고 있는 국립식량과학원의 예산 비중이 1990년 24.7%에서 2008년 11.1%로 크게 하락하여 다른 연구기관에 비하여 가장 큰 폭으로 하락한 것을 알 수 있다.

결과적으로 농업 분야에 예산 규모가 얼마나 확보되느냐가 관건이고,

식량작물 연구개발 투자에 어느 정도를 배려하느냐 하는 것도 중요하다고 할 수 있다.

셋째, 기후변화에 대응한 재배안정성 향상을 위한 연구가 절실하다.

최근 기후변화에 따른 작물의 재배적지가 변동됨에 따라 지역별 새로운 소득 작물 개발 및 작부체계 개선 추진이 필요하다. 지역별 표준재배법 보급 및 작물별 2기작 재배기술 연구 확대 등 기후변화의 부작용을 최소화하고, 이점을 극대화할 수 있는 대책 마련이 시급하다. 또한 작부체계 개발 및 친환경농자재 이용 등을 활용한 기후변화에 대응한 작물의 내병충·내재해성 증진 연구가 이루어져야 할 것이다. 특히 기후변화에 따른 고온장해·병해충·잡초증가로 쌀 수량 및 품질이 저하되고 있어 이를 극복할 기술개발이 이루어져야 한다.

넷째, 폐쇄적인 작부체계에서 개방 자원 순환형 작부체계로의 전환이 필요하다.

자원 순환형 저투입 작물생산 기술개발을 통해 수자원 절약 및 화학비료를 절감하는 친환경 작부체계에 대한 연구가 강화되어야 하며, 경종과

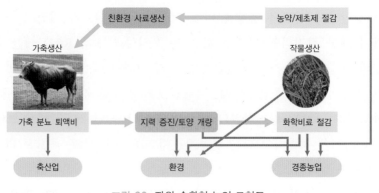

그림 20 자원 순환형 농업 모형도

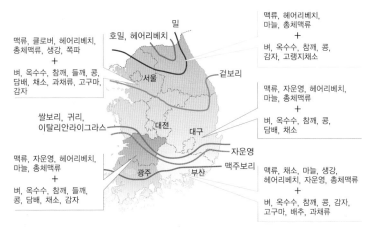

맥류, 클로버, 헤어리베치,
총체맥류, 생강, 쪽파
+
벼, 옥수수, 참깨, 들깨, 콩,
담배, 채소, 과채류, 고구마,
감자

호밀, 헤어리베치

밀

맥류, 헤어리베치,
마늘, 총체맥류
+
벼, 옥수수, 참깨, 콩,
감자, 고랭지채소

서울

겉보리

쌀보리, 귀리,
이탈리안라이그라스

대전

대구

맥류, 자운영, 헤어리베치,
마늘, 총체맥류
+
벼, 옥수수, 참깨, 콩,
담배, 채소

맥류, 자운영, 헤어리베치,
마늘, 총체맥류
+
벼, 옥수수, 참깨, 들깨,
콩, 담배, 채소, 감자

광주

부산

자운영

맥주보리

맥류, 채소, 마늘, 생강,
헤어리베치, 자운영, 총체맥류
+
벼, 옥수수, 참깨, 콩, 감자,
고구마, 배추, 과채류

자료 : 국립식량과학원, 2005

그림 21 동계 녹비작물 지대 구분과 가능한 작부체계 모형도

양돈 등의 축산을 연계하는 순환형 농업을 적극 추진하고, 녹비작물 연구 강화를 통한 자원 순환형 작부체계의 도입을 추진해야 한다(그림 20~21).

다섯째, 미래대응 관행육종과 융·복합 첨단기술을 활용한 품종개발 이 필요하다.

첨단기술 융·복합에 의한 맞춤형 품종개발과 기능성 식의약품 소재 등 생명소재 개발 및 검정 대상 품종을 신속하게 분석할 수 있는 PCR Premix 개발 등이 좋은 예라고 할 수 있다.

최근 개발한 '슈퍼자미벼'는 전통적인 관행육종 방법과 질량분석기를 활용한 성분 탐색, DNA 검사를 통한 품종 profile 작성 등 첨단기술을 결합한 품종개발 성과라고 할 수 있다(그림 22).

(흑진주벼 × 수원 425호) × 대립벼 1호 → 슈퍼자미벼

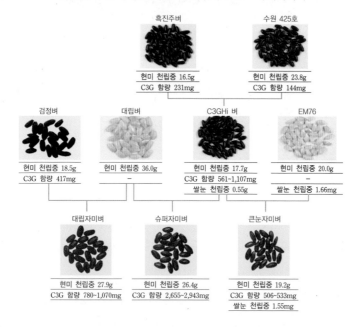

흑진주벼
현미 천립중 16.5g
C3G 함량 231mg

수원 425호
현미 천립중 23.8g
C3G 함량 144mg

검정벼
현미 천립중 18.5g
C3G 함량 417mg

대립벼
현미 천립중 36.0g
−

C3GHi 벼
현미 천립중 17.7g
C3G 함량 561~1,107mg
쌀눈 천립중 0.55g

EM76
현미 천립중 20.0g
−
쌀눈 천립중 1.66mg

대립자미벼
현미 천립중 27.9g
C3G 함량 780~1,070mg

슈퍼자미벼
현미 천립중 26.4g
C3G 함량 2,655~2,943mg

큰눈자미벼
현미 천립중 19.2g
C3G 함량 506~533mg
쌀눈 천립중 1.55mg

(a) 슈퍼자미벼 육성 계통도

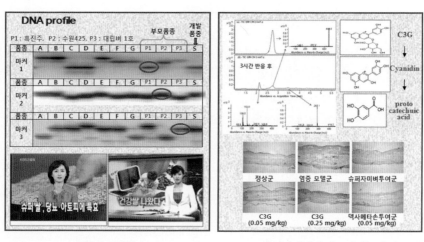

(b) DNA 판별   (c) 슈퍼자미벼의 아토피 치료효과

그림 22 첨단기술 융 · 복합에 의한 맞춤형 신품종 육성 사례

여섯째, 비식량 자원을 활용한 바이오에너지 생산기술 개발이 필요하다. 미래에는 자원제약에 따른 에너지 · 식량 문제가 세계 위기를 가속화할 것이므로 환경친화적 대체에너지 기술보유 여부가 국가경쟁력을 좌우하게 될 것이다. 따라서 당질계 및 섬유질계 바이오 에탄올 작물선발을 위해 생산성이 높은 원료작물을 수집, 평가하여 최대 생산 시스템을 확립하고, 바이오 디젤 원료용 작물 · 품종 개발 및 고효율 생산기술을 확립할 필요가 있다.

지속적인 벼 재배면적 감소와 1인당 쌀 소비량의 감소와 더불어 쌀의 소비성향이 고급화·다양화됨에 따라 유색미·향미 등 특수용도 쌀 품종의 요구도가 커지고 있다. 따라서 최근의 벼 품종육종은 수량증대·품질향상 및 재배안정성 증대뿐만 아니라 특수용도 적성 품종육성 또한 중요한 목표로 자리매김되었다.

다행히 우리나라는 쌀이 자급되고 있다. 그러나 쌀 이외에 밀·옥수수·콩 등의 대부분은 수입하고 있다. 우리나라의 곡물자급률은 2012년 23.6%에 지나지 않아 OECD 가입국가 중에서도 최하위 수준이다. 이와 같이 다른 곡물의 자급률이 극단적으로 낮은 곡물생산의 구조 속에서 쌀만 자급된다고 해서 논을 줄여 쌀의 생산을 줄인다는 발상은 위험천만이며 논이 갖는 높은 생산력을 이용해서 밀·콩·사료작물 등의 생산을 확대하여 될 수 있는 한 국내의 토지를 유용하게 활용하여 곡물 전체를 자급할 수 있도록 하지 않으면 안 된다. 벼 이외의 작물을 논에서 재배하게 되어도 농업 또는 식생활에서 쌀의 중요성은 전혀 달라질 수 없다.

한편 세계적으로 보면 기아로 시달리는 인구는 17억 명을 넘는다고 한다. 2010년 세계 인구는 69억 명으로 40년 후인 2050년에는 95억 명에 달한다고 하는데, 그 대부분이 인도·중국·아프리카 등 신흥경제대국에서의 증가라고 예상하고 있다. 세계의 식량사정은 이들 신흥경제대국에서의 육류소비 증가와 기후 온난화 등에 의하여 더욱 어려워질 것으로 예측되고 있다. 따라서 우리는 자국의 식량은 될 수 있는 한 자국에서 생산할 필요가 있으며, 그러기 위해서는 훌륭한 기능과 높은 생산력을 가진 논을 귀중하게 지켜 나가지 않으면 안 된다. 따라서 슈퍼자미벼와 같은 기능성 쌀의 확대보급은 논을 귀중하게 지켜 주는 데 크게 기여할 것으로 여겨져 그 의의는 더욱 커질 것이다.

　벼는 자연생태계 속에서 생산을 되풀이하면서, 풍부한 수자원의 확보와 물의 흐름을 조절하면서 국토를 보전함과 동시에 영구적인 연작이 가능한 작물이다. 따라서 우리는 쌀을 중심으로 한 식생활의 훌륭한 점을 재평가하여 논을 중심으로 한 지속적인 농업을 지키면서 식량을 자국에서 자급하지 않으면 안 된다는 인식을 다시 한 번 되새겨야 한다.

참고 문헌 및 등록특허 등

[참고문헌]

American Diabetes Association. 1987. Nutritional recommentations and principles for individuals with diabetes melitus. Diabetes Care. 10 : 126~132.

Asamarai, A. M., P. B. Addis, R. J. Epley, and T. P. Krick. 1996. Wild rice hull antioxidants. *J. Agric. Food Chem.* 44(1) : 126~130.

Atta-Ur-Rahman, M. Shabbir, S. Z. Sultani, A. Jabar, and M. I. Choudhary. 1997. Cinnamates and coumarins from the leaves of *Murraya paniculata. Phytochemistry* 44(4) : 683~685.

Bates, S. H., R. B. Jones, and C. J. Bailey. 2000. Insulin-like effect of pinitol. Br. J. Pharamcol. 130 : 1944~1948.

Bulkley, G. B. 1983. The role of oxygen radicals in human disease process. Surgey. 94 : 407~411.

Chae, S., J. S. Kim, K. A. Kang, H. D. Bu, Y. Lee, J. W. Hyun, and S.S. Kang. 2004. Antioxidant activity of Jionoside D from *Clerodendron trichotomum. Biol. Pharm. Bull.* 27 : 1504~1508.

Chang, H. W., S. H. Baek, K. W. Chung, K. H. Son, H. P. Kim, and S. S. Kang. 1994. Inactivation of phospholipase A2 by naturally occurring biflavonoid, ochnaflavone. *Biochem. Biophys. Res.* Commun. 205 : 843~849.

Chen, B., H. Duan, and Y. Takaishi. 1999. Triterpene caffeoyl esters and diterpenes from *Celastrus stephanotifolius. Phytochemistry* 51(5) : 683~687.

Cho, M. H., Y. S. Paik, H. H. Yoon, and T. R. Hahn. 1996. Chemical structure of the major color component from a Korean pigmented rice variety. Agr. Chem. & Biotech. 39 : 304~308.

Choi, H. C. and S. K. Oh. 1996. Diversity and function of pigments in colored rice. Korean J. Crop Sci. 41 : 1~9.

Choi, H. C. et al. 1996. Development and industrial utilization of natural pigments from colored rices. G7 final report. NCES, RDA.

Choi, S. P., M. Y. Kang, and S. H. Nam. 2004. Inhibitory activity of the extracts from the pigmented rice brans on inflammatory reactions. J. Korean Soc. Appl Biol Chem. 47 : 222~227.

Choi, S. W., S. H. Nam, and H. C. Choi. 1996. Antioxidative activity of ethanolic extracts of rice brans. Food Biotechnol. 5 : 305~309.

Choi, S. W., W. W. Kang, and T. Osawa. 1994. Isolation and identification of anthocyanin pigments in black rice. Foods and Biotechnology 3 : 131~136.

Chou, T. W., C. Y. MA, H. H. Cheng, Y. Y. Chen, and M. H. Lai. 2009. A rice bran oil diet improves lipid abnormalities and supppress hyperinulinemic response in rats with streptozotocin/nicotinamide-induced type 2 diabetes. J. Clin. Biochem. Nutr. 45 : 29~36.

Cristina, G. V., Z. Pillar, and A. Francisco. 1998. The use of acetone as an extraction solvent for anthocyanins from strawberry fruit. Phytochemical Analysis 9 : 274~277.

Daun, J. K., K. M. Clear, and P. Williams. 1994. Comparison of three whole seed near-infrared analyzers of measuring quality components of canola seed. JAOCS. 71(10) : 1063~1068.

Dooner, H. K., T. P. Robbins, and R. A. Jorgensen. 1991. Genetic and developmental control of anthocyanin biosynthesis. Annu. Rev. Genet.

25 : 173 ~ 199.

Erasto, P., G. Bojase-Moleta, and R. R. T. Majinda. 2004. Antimicrobial and antioxidant flavonoids from the root wood of *Bolusanthus speciosus*. *Phytochemistry* 65(7) : 875 ~ 880.

Faragher, J. D. and R. L. Brohier. 1984. Anthocyanin accumulation in apple skin during ripening: regulation by ethylene and phenylalanine ammonia-lyase. Sci. Hortic. 22 : 89 ~ 96.

Frankel, E. N. 1999. Food antioxidants and phytochemicals: present and future perspectives. *Fett/Lipid* 101 : 450 ~ 455.

Ghiselli, A., M. Nardini, A. Baldi, and C. Scaccini. 1998. Antioxidant acitivity of different phenolic fractions separated from an Italian red wine. J. *Agri. Food Chem.* 46 : 361 ~ 367.

Gibbonsa, S., K. T. Mathewb, and A. I. Gray. 1999. A caffeic acid ester from *Halocnemum strobilaceum. Phytochemistry* 51(3) : 465 ~ 467.

Griffing, B. 1965. Concept of general and specific combining in relation to diallel crossing system. Aust. J. Bioe. Sci. 9 : 463 ~ 493.

Halabalaki, M., N. Aligiannis, Z. Papoutsi, S. Mitakou, P. Moutsatsou, C. Sekeris, and A. L. Skaltsounis. 2000. Three new arylobenzofurans from *Onobrychis ebenoides* and evaluation of their binding affinity for the estrogen receptor. *J. Nat. Prod.* 63(12) : 1672 ~ 1674.

Han, S. J., J. S. Kim, S. W. Chae, S. S. Kang, S. N. Ryu, J. W. Hyun, K. H. Son, H. Y. Shon, and H. W. Chang. 2004. Biological Screening of Extracts from the Colored Rice Cultivars. Kor. J. Pharmacogn. 35(4) : 346 ~ 349.

Han, S. J., S. N. Ryu, and S. S. Kang. 2004. A new 2-arylbenzofuran with antioxidant activity from the black colored rice (*Oryza sativa* L.) bran.

Chem. Pharm. Bull. 52(11) : 1365～1366.

Han, S. J. and Su-Noh Ryu. 2007. Quantitative Analysis of Allantoin in Various Rice Varieties. Korean J. Crop Sci. 52(4) : 453～457.

Han, S. J., Hien-Trung Trinh, Seong-Sig Hong, Su-Noh Ryu, and Dong-Hyun Kim. 2007. Antipruritic Effect of Black Colored Rice. Natural Product Science 13(4) : 373～377.

Han, S. J., Ju-Sun Kim, Sung-Wook Chae, Sam-Sik Kang, Su-Noh Ryu, Jin-Won Hyun, Kun-Ho Son, Ho-Yong Sohn, and Hyeun-Wook Chang. 2004. Biological Screening of Extracts from the Colored Rice Cultivars. Kor. J. Pharmacogn. 35(4) : 346～349.

Han, S. J., Su-Noh Ryu, and Sam-Sik Kang. 2004. A new 2-Arylbenzofuran with antioxidant activity from the black colored rice (*Oryza sativa* L.) bran. *Chem. Pharm. Bull.* 52(11) : 1365～1366.

Han, S. J., Su-Noh Ryu, Sun-Zik Park, and Hong-Yeol Kim. 2004. Analysis of Cyandin 3-glucoside in Blackish Purple Rice. Korean J. Crop Sci. 49(s) : 97～101.

Hatano, T., H. Miyatake, M. Natsume, N. Osakabe, T. Takizawa, H. Ito, and T. Yoshida. 2002. Proanthocyanidin glycosides and related polyphe-nols from cacao liquor and their antioxidant effects. *Phytochemi stry* 59 : 749～758.

Ha, T. Y. and Y. Y. Kim. 1995. A study on the nutritional properties of rice. '94 Annual Report. Korean Food Research Institute. p. 25.

Hayman, B. I. 1958. The analysis of variance of diallel table. Biometrics 10 : 235～244.

Hong, S. G., M. Y. Lee, Y. S. Yoon, B. J. Kang, D. W. Kim, and D. W. Cho. 1999. Reinforcement of antioxidative potentials by Korean traditional prescriptions on mouse plasma and liver. Korean J. Food. Sci. Technol. 31 : 1661 ~ 1666.

Hsieh, K. H. 1997. Thrombin interaction with fibrin polymerization sites. *Thrombosis Res.* 86 : 301 ~ 316.

Hsieh, S. C. and T. M. Chang. 1964. Genic analysis in rice. Ⅳ. Genes for purple pericarp and other characters. Jap. J. Breeding 14(3) : 1 ~ 9.

Hu, C., J. Zawistowski, W. Ling, and D. D. Kitts. 2003. Black rice (*Oryza sativa* L. indica) pigmented fraction suppresses both reactive oxygen species and nitric oxide in chemical and biological model systems. *J. Agric. Food Chem.* 51(18) : 5271 ~ 5277.

Iribarren, A. M. and A. B. Pomilio. 1987. Sitosterol 3-*O*-a-D-xylurono-furanoside from *Bauhinia candicans*. *Phytochemistry* 26(3) : 857 ~ 858.

Jang, Y. S., J. H. Lee, O. Y. Kim, H. Y. Park, and S. Y. Lee. 2001. Consumption of whole grain and legume power reduces insulin demand, lipid peroxidation, and plasma homocysteine concentration in patients with coronary artery disease:randmomized controlled clinical trial. Arterioscler Thromb. Vasc. Biol. 21 : 2065 ~ 2071.

Jekins, D. J., T. M. Wolever, R. H. Taylor, H. Baker, H. Fielden, J. M. Baldwin, A. C. Bowling, H. C. Newman, A. L. Jenkins, and D. V. Goff. 1981. Glycemic index of foods:a physiological basis fo carbohydrate exchange. Am. J. Clin. Nutr. 34 : 362 ~ 366.

Jenkins, D. J. A., T. M. S. Wolever, and A. L. Jenkins. 1988. Starchy foods and glycemic index. Diabetes Care. 11 : 149 ~ 159.

Jung, K. H., H. J. Koh, J. H. Lee, S. J. Yang, H. P. Moon, and H. C. Choi. 2000b. Visual selection of blackish-purple rices in segregating population. Korean J. Breed. 32(2) : 127 ~ 131.

Jung, K. H., J. H. Lee, H. Y. Kim, S. J. Yang, H. C. Choi, H. J. Koh, and H. P. Moon. 2000a. Effect of blackish purple seed coat on grain quality and yield characters in Rice (*Oryza sativa* L.). Korean J. Breed. 32(s1) : 40~41.

Kahkonen, M. P. and M. Heinonen. 2003. Antioxidant activity of anthocyanins and their aglycons. Journal of Agricultural and Food Chemistry 51 : 628~633.

Kalt, W., C. F. Forney, A. Martin, and R. L. Prior. 1999. Antioxidant capacity, vitamin C, phenolics, and anthocyanins after fresh storage of small fruits. *J. Agric. Food Chem.* 47(11) : 4638~4644.

Kang, M.Y., Y. H. Choi, and S. H. Nam. 1996. Inhibitory mechanism of colored rice bran extract against mutagenicity induced by chemical mutagen Mitomycin C. Agric. Chem. Biotechnol. 39 : 424~429.

Kang, M. Y., S. Y. Shin, and S. H. Nam. 2003. Antioxidant and antimutagenic ativity of solvent-fractionated layers of colored rice bran. Korea J. Food Sci. Technol. Vol 35(5) : 951~958.

Kang, S. S. and S. Z. Park. 2002. Studies on production technology and functional estimation of natural pigment in crops. RDA report.

Kayano, S., H. Kikuzaki, T. Ikami, T. Suzuki, T. Mitani, and N. Nakatani. 2004. A new bipyrrole and some phenolic constituents in prunes (*Prunus domestica* L.) and their oxygen radical absorbance capacity (ORAC). *Biosci. Biotech. Biochem.* 68(4) : 942~944.

Kiehm, T. G. 1976. Beneficial effect of high carbohydrate fiber diet on hyperglycemic diabetic men. Am. J. Clin. Nutr. 29 : 895~899.

Kil, D. Y., S. N. Ryu, L. G. Piao, C. S. Kong, S. J. Han, and Y. Y. Kim. 2006. Effect of Feeding Cyanidin 3-glucoside (C3G) High Black Rice Bran on Nutrient Digestibility, Blood Measurements, Growth Performance and Pork Quality of Pigs. Asian-Aust. J. Anim. Sci. 19(12) : 1790~1798.

Kim, Bong-Gyu, Jeong-Ho Kim, Shin-Young Min, Kwang-Hee Shin, Ji-Hye Kim, Hong Yeol Kim, Su Noh Ryu, and Joong Hoon Ahn. 2007. Anthocyanin content in rice is related to expression levels of anthocyanin biosynthetic Genes. Journal of Plant Biology, 50(2) : 156~160.

Kim, Hong-Yeol, Sun-Zik Park, Sang-Jun Han, and Su-Noh Ryu. 2000. Variation of Cyanidin 3-glucoside Content in F2 Population of Pigmented Rice. Korean J. Breed. 32(4) : 333~337.

Kim, H. P., K. H. Son, H. W. Chang, and S. S. Kang. 2004. Anti-inflammatory plant flavonoids and cellular action mechanisms. *J. Pharmacol. Sci.* 96 : 229~245.

Kim, H. S. and M. Choe. 2005. Hypoglycemic effect of Paecelomyces japonica in NIDDM patients. J. Korean. Soc. Food. Sci. Nutr. 34 : 821~824.

Kim, H. Y., S. Z. Park, S. J. Han, and S. N. Ryu. 2000. Variation of cyanidin 3-glucoside content in F_2 population of pigmented rice. Korean J. Breed. 32(4) : 333~337.

Kim, J. H. 2002. What is Impaired glucose tolerance. Monthly Diabetics. 151 : 54~55.

Kim, M. C. and D. E. Pratt. 1993. Thermal degradation of phenolic antioxidant. Phenolic comounds in food and health. Huang. Washington, American Chemical Society : 200~217.

Kim, M. J., H. J. Ahn, K. H. Choi, Y. H. Lee, G. J. Woo, E. K. Hong, and Y.

S. Chung. 2006. Effects of pine needle extract oil on blood glucose and serum insulin levels in db/db mice. J. Korean. Soc. Food. Sci. Nutr. 35 : 321~327.

Kim, N., H. K. Jung, M. J. Park, S. J. Kim, S. H. Kim, J. W. Choi, and J. S. Lee. 2005. Effects of Fomes fomentarius extract on blood glucose, lipid profile and immune cell in streptozotocin-induced diabetic rats. 34 : 825~832.

Kim, S. K., B. Y. Hwang, S. J. Kang, J. J. Lee, J. S. Ro, and K. S. Lee. 2000. Chemical components of Cyperus rotundus L. and inhibitory effects on nitric oxide production. *Korean J. of Pharmacognosy.* 31(1) : 1~6.

Kim, Y. H., C. S. Kang, and Y. S. Lee. 2004. Quantification of tocopherol and tocotrienol content in rice bran by near infrared reflectance spectroscopy. Korean J. Crop Sci. 49(3) : 211~215.

Kinoshita, T. 1984. *Gene analysis and linkage map. In Biology of Rice.* JSSP/Elsevier, Tokyo : 187~274.

Kong, J. M., L. S. Chia, N. K. Goh, T. F. Chia, and R. Brouillard. 2003. Anaylsis and biological activities of anthocyanins. Phytochemistry 64 : 923~933.

Kwak, T. S., H. J. Park, W. T. Jung, and J. W. Choi. 1999. Antioxidative and Hepatoprotective activity of coloured-. scented and Korean native rice varieties based on different layers. J. Korean Soc. Food Sci. Nutr. 28(1) : 191~198.

Kwon, Soon-Wook, Sang-Jun Han, Hong-Yeol Kim, and Su-Noh Ryu. 2008. Diallel Analysis for Cyanidin-3-glucoside Content in Pigmented Rice. Korean J. Crop Sci. 53(S) : 58~64.

Laranjinha J. A., L. M. Almeida, and M. C. Madeira. 1994. Reactivity of dietary phenolic acids with peroxyl radicals: antioxidant activity upon low density lipoprotein peroxidation. *Biochem. Pharmacol.* 48 : 487~494.

Lee, Ho-Hoon, Hong-Yeol Kim, Hee-Jong Koh, and Su-Noh Ryu. 2006. Varietal Difference of Chemical Composition in Pigmented Rice Varieties. Korean J. Crop Sci. 51(s) : 113~118.

Lee, Ho-Hoon, Sang-Ho Chu, Wenzhu Jiang, Su-Noh Ryu, Chang-Ho Kim and Hee-Jong Koh. 2007. Change of kernel-greenness under different storage conditions after harvest in green-kerneled rice. Korean J. Breed. Sci. 39(2) : 155~159.

Lee, J. S., J. S. Lee, C. B. Yang, and H. K. Shin. 1997. Blood glucose response to so. acereals and determination of their glycemic index to rice as standard food. Korean J. Nutr. 30 : 1170~1179.

Lee, Y. R., C. E. Kim, S. H. Nam, and M. Y. Kang. 2006. Suppemetary effect of giant embryonic rice on serum and hepatic lipid levels of streptozotocin-induced diabetic rats. Korean. J. Food. Sci. Technol. 38 : 562~566.

Lin, J. K., C. L. Lin, Y. C. Liang, S. Y. Lin-Shiau, and I. M. Juan. 1998. Survey of catechins, gallic acid, and methylxanthines in green, oolong, pu-erh, and blackteas. Journal of Agricultural and Food Chemistry 46 : 3635~3642.

Madavi, D. L. and D. K. Salunkhe. 1995. *Toxicological aspects of food antioxidants*, Marcel Dekker Inc, New York.

Maekawa, M. 1996. *Recent information on anthocyanin pigmentation*. Rice Genetics Newsletter Vol. 13 : 25~26.

Marja, P. K. and H. Marina. 2003. Antioxidant activity of anthocyanins and their aglycons. J. Agri. Food Chem. 51 : 623～633.

Mazza, G. and E. Miniati. 1993. *Anthocyanins in Fruits, Vegetables, and Grains*. CRC Press : 1～23.

Meiers, S., M. Kemeny, U. Wevand, R. Gastpar, E. von Angerer, and D. Marko. 2001. The anthocyanidins cyanidin and delphinidin are potent inhibitors of the epidermal growth-factor receptor. J. Agri. Food Chem. 49 : 958～962.

Moon, T. C., M. Murakami, I. Kudo, K. H. Son, H. P. Kim, and H. W. Chang. 1999. A new class of COX-2 inhibitor, rutaecarpine from *Evodia rutaecarpa*. *Inflammation Res*. 48 : 621～625.

Murklund, S. and G. Markund. 1974. Involvement of the superoxide anion radical in the auto-oxidation of pyrogallol and a convenient assay for superoxide dismutase. J. Biochem. 47 : 469～474.

Nagai, I., G. Suzushino, and Y. Tsuboki. 1960. Anthoxanthins and anthocyanins in Oryzaceae. I. Japanese Journal of Breeding 10 : 47～56.

Nam, H. H. and M. Y. Kang. 1997. Comparsion of effect of rice bran extracts of the colored rice cultivars on carcinogenesis. Agric. Chem. Biotechnol. 41 : 78～83.

Nam, S. H. and M. Y. Kang. 1997. *in vitro* inhibitory effect of colored rice bran extracts carcinogenecity. Agric. Chem. Biotechnol. 40 : 307～312.

O'Brien, R. M. and D. K. Granner. 1996. Regulation of gene expression by insulin. Physiol. Rev. 76 : 1109～1161.

Oh, S. K, H. C. Choi, M. Y. Cho, and S. U. Kim. 1996. Extraction method of anthocyanin and tannin pigments in colored rice. Agr. Chem. &

Biotech. 39(4) : 327~331.

Osawa, T. 1995. *Antioxidative defense systems present in higher plants, and chemistry and function of antioxidative components.* Food & Food Ingredients J. of Jpn. 163 : 19~29.

Osawa, T. and M. Namiki. 1981. A novel type of antioxidant isolated from leaf wax of *Eucalyptus leaves. Agric. Biol. Chem.* 45(3) : 735~739.

Osawa, T., N. Ramarathnam, S. Kawakishi, and M. Namiki. 1992. Phenolic Compounds in Food and Their Effects on Health II. Antioxidants & Cancer Prevention. Washington, American Chemical Society.

Oyaizu, M. 1986. Studies on products of browning reactions: antioxidative activities of products of browning reaction prepared from glucosamine. *Japanese Journal of Nutrition* 44 : 307~315.

Parejo, I., F. Viladomat, J. Bastida, G. Schmeda-Hirschmann, J. S. Burillo, and C. Codina. 2004. Bioguided Isolation and Identification of the Nonvolatile Antioxidant Compounds from Fennel (*Foeniculum vulgare* Mill.) Waste. *J. Agric. Food Chem.* 52(7) : 1890~1897.

Park, I. S. 2004. *Blood glucose related efficacy test: The efficacy test guideline for health functional food (1).* Korea Food & Drug Administration. p. 179~215.

Park, S. Z. and S. N. Ryu. 2006. Free Radical Scavening and Inflammatory from the Rice Varieties Contained High C3G pigment Korean J. Crop Sci. 51(s) : 107~112.

Park, S. Z., H. Y. Kim, S. J. Han, and S. N. Ryu. 2000. Cyanidin 3-glucoside Content in F_1, F_2 and F_3 Grains of Pigmented Rice Heugjinjubyeo Crosses. Korean J. Breed 32(3) : 285~290.

Park, S. Z., J. H. Lee, S. J. Han, H. Y. Kim, and S. N. Ryu. 1998.

Quantitative analysis and vairetal difference of cyanidin 3-glucoside in pigmented rice. Korean J. Crop Sci. 43(3) : 179 ~ 183.

Park, Y. S., H. K. Lee, S. Y. Kim, C. S. Koh, H. K. Min, C. G. Lee, M. Y. Ahn, Y. I. Kim, and T. S. Shin. 1996. Risk factor for non-imsulin dependent diabeties melitus. J. Korean. Diabetes. Assoc. 20 : 14 ~ 24.

Potterat, O. 1997. Antioxidants and free radical scavengers of natural origin. Curr. Org. Chem. 1 : 415 ~ 440.

Reaven, G. M. 1988. Role of insulin resistance in human diseases. Diabetes. 37 : 1597 ~ 1607.

Reddi, A. S. and J. S. Bollineni. 2001. Selenium-deficent diet renal oxidative stress and injury via TGF-beta 1 in normal and diabetic rats. Kidney Int. 59 : 1342 ~ 1353.

Reddy, V. S., K. V. Goud, R. Sharma, and A. R. Reddy. 1994. Ultraviolet-B-responsive anthocyanin production in a rice cultivar in associated with a specific phase of phenylalanine ammonialyase biosynthesis. Plant Physiol. 105 : 1059 ~ 1066.

Reddy, V. S., S. Dash, and A. R. Reddy. 1995. Anthocyanin pathway in rice (Oryza sativa L.) : Identification of a mutaut showing dominant inhibition of anthocyanins in leaf and accumulation of proantho-cyanidins in pericarp. TAG 91 : 301 ~ 302.

Reddy, V. S., S. Dash, and A. R. Reddy. 1995. Anthocyanin pathway in rice (Oryza sativa L.) : Identification of a mutant showing dominant inhibition of anthocyanins in leaf and accumulation of proantho-cyanidins in pericarp. TAG 91 : 301 ~ 312.

Rosenkranz, A. R., S. Schmaldienst, K. M. Stuhlmeuer, W. Chen, W. Knapp, and G. J. Zlabinger. 1992. A microplate assay for the detection of oxidative products using 2´, 7´-dichlorofluorescin-diacetate. *J. Immunol. Meth.* 156 : 39~45.

Ryu, S. N. 2000. Recent process and future of research on anthocyanin in crops I. Rice, Barley, Wheat, Maize and Legumes. Kor. J. Intl. Agri. 12(1) : 41~53.

Ryu, S. N., S. J. Han, S. Z. Park, and H. Y. Kim. 2000. Antioxidant activity and varietal difference of cyanidin 3-glucoside and peonidin 3-glucoside contents in pigmented rice. Korean J. Crop Sci. 45(4) : 257~260.

Ryu, S. N., S. J. Han, S. Z. Park, and H. Y. Kim. 2006. Antioxidant activity of blackish purple rice. Korean J. Crop Sci. 51(2) :173~178.

Ryu, S. N., S. J. Han, S. Z. Park, and H. Y. Kim, and B. I. Ku. 2002. C3G content of Rice Bran obtained from Different Degrees of Polishing in a Balck Purple Rice. Heugjinjubyeo. Korean J. Breed. 34(4) : 299~302.

Ryu, S. N., S. Z. Park, and C. T. Ho. 1998. High performance liquid chromatographic determination of anthocyanin pigments in some varieties of black rice. *J Food Drug Anal* 6(4) : 729~736.

Ryu, S. N., S. Z. Park, S. S. Kang, and S. J. Han. 2003. Determination of C3G content in Black Purple Rice using HPLC and UV-Vis Spectropho tometer. Korean J. Crop Sci. 48(5) : 369~371.

Ryu, S. N., S. Z. Park, and S. S. Kang. 2005. Studies on exploration and expansive use of genetic variation of functional substances in rice. RDA report.

Ryu, S. N., S. Z., Park, S. S, Kang, E. B. Lee, and S. J. Han, 2000. Food Safety of Pigmented in Black Rice cv. Heugjinjubyeo. Korean J. Crop

Sci. 45(6) : 370~373.

Ryu, Su-Noh. 2004. Rice cultivar C3GHi. American Patent 10-770567.

Ryu, Su-Noh. 2007a. Breeding Method of C3GHi Varieties. Korean Patent 10-0687311.

Ryu, Su-Noh. 2007b. Rice Seed of highly content with C3G pigment. Japan Patent, 3886499.

Ryu, Su-Noh. Jong-Jin Yang, and Sun-Zik Park. 2005. Development of Rapid Prediction Model of C3G Content in Black Pigmented Rice. Korean J. Crop Sci. 50(s) : 1~3.

Sang, S., A. Lao, H. Wang, Z. Chen, J. Uzawa, and Y. Fujimoto. 1998. A phenylpropanoid glycoside from *Vaccaria segetalis*. *Phytochemistry* 48(3) : 569~571.

Satue-Gracia, M. T., M. Heinonen, and E. N. Frankel. 1997. Anthocyanins asantioxidants on human low-density lipoprotein and lecithin-liposome systems. Journal of Agricultural and Food Chemistry 45 : 3362~3367.

Shahat, A. A., P. Cos, N. Hermans, S. Apers, T. D. Bruyne, L. Pieters, D. Berghe, and A. Vlietinck. 2003. Anticomplement and antioxidant activities of new acetylated flavonoid glycosides from *Centaurium spicatum*. *Planta Med.* 69(12) : 1153~1156.

Shang, J. D., P. Gariboldi, and G. Jommi. 1986. Constituents of shashen (*Adenophora axilliflora*). *Planta Med.* 49 : 317~320.

Shimada, K., K. Fujikawa, K. Yahara, and T. Nakamura. 1992. Antioxidative properties of xanthan on the autooxidation of soybean oil in cyclodextrin emulsion. J. Agric. Food Chem. 40 : 945~948.

Sohn, H. Y., Y. S. Kwon, Y. S. Kim, H. Y. Kwon, G. S. Kwon, K. J. Kim, C.

S. Kwon, and K. H. Son. 2004. Screening of thrombin inhibitors from medicinal and wild plants. *Kor. J. Pharmacogn.* 35 : 52～61.

Suzuki, K. I, H. M. Xue, Y. Tanaka, Y. Fukui, F. M. Masako, Y. Murakami, Y. Katsumoto, S. Tsuda, and T. Kusumi. 2000. Flower color modifications of Torenia hybrida by cosuppression of anthocyanin biosymthesis genes. Molecular Breeding 6 : 239～246.

Tiwari, K. and R. N. Choudhary. 1979. Two new steryl glycosides from *Lindenbergia indica. Phytochemistry* 18 : 2044～2045.

Toki, S., N. Hara, K. Ono, H. Onodera, A. Tagiri, S. Oka, and H. Tanaka. 2006. Early infection of scutellum tissue with Agrobacterium allows high-speed transformation of rice. Plant J. 47 : 969～976.

Tomohiro, N., F. Kitatani, and A. Yagi. 1994. A simple screening method for antioxidants and isolation of several antioxidants produced by murine bacterial from fish and shellfish. Biol. Biotech. Biochem. 58 : 1780～1782.

Tori, M., Y. Ohara, K. Nakashima, and M. Sono. 2000. Caffeic and coumaric acid esters from *Calystegia soldanella. Fitoterapia* 71(4) : 353～359.

Tsuda, T., M. Watanabe, K. Ohshima, S. Norinobu, S. W. Choi, S. Kawakishi, and T. Osawa. 1994. Antioxidative activity of the anthocyanin pigments cyanidin 3-*O*-b-D-glucoside and cyanidin. *J. Agric. Food Chem.* 42 : 2407～2410.

Velasco. L., J. Fernandez-Martinez, and A. D. Haro. 1996. Screening dthiopian mustard for erucic acid by near infrared reflectance spectroscopy. Crop Sci. 36 : 1068～1071.

Wang, H., G. Cao, and R. L. Prior. 1997. Oxygen radical absorbing capacity of anthocyanins. Journal of Agricultural and Food Chemistry 45 :

304～309.

Williams, P. C., H. M. Cordeiro, and M. F. T. Harnden. 1991. Analysis of oat bran products by near intraed reflectance spectroscopy. Cereal Foods World 36(7) : 571～574.

Wolever, T. M. 1990. Relationship between dietary fiber content and compostion in foods and the clycemic index. Am. J. Clin., T. M. 51 : 72～75.

Xia, M., W. H. Ling, J. Ma, D. D. Kitts, and Zawistowski. 2003. Supplementation of diets with the black rice pigment fraction attenuates atherosclerotic plaque formation in Apolipoprotein E Deficient Mice. *J. Nutr.* 133 : 744～751.

Xu, H. X., S. Kadota, H. Wang, M. Kurokawa, K. Shiraki, T. Matsumoto, and T. Namba. 1994. A new hydrolyzable tannin from *Geum japonicum* and Its Antiviral Activity. *Heterocycles* 38(1) : 167～175.

Xu, Y. N. 2000. Isolation of components from the root of *Chaenomeles japonica*. Seoul National University.

Yagi, K. 1976. A simple fluorometric assay for lipid peroxide in blood plasam. Biochem. Med. 262 : 8227～8235.

Yang, J. H. and J. S. Han. 2006. Effect of mulberry leaf extratct supplement on blood glucose, glycated hemoglobin and serum lipids in type II diabetic patients. J. Korean. Soc. Food. Sci. Nutr. 35 : 549～556.

Yang, K. A., S. O. Kim, J. H. Choi, S. J. Rhee, and H. W. Chang, 1998. Activites of phospholipase A2, cyclooxygenase and thromboxane and syntheses pyrostacyclin in streptozotocin induced diabetic rats. J. Korean. Soc. Food Sci. Nutr. 27 : 175～181.

Yasukawa, K., T. Akihisa, Y. Kimura, T. Tamura, and M. Takido. 1998.

Inhibitory effect of cycloartenol ferulate, a component of rice bran, on tumor promotion in two-stage carcinogenesis in mouse skin. *Biol. Pharm. Bull.* 21(10) : 1072~1076.

Zin, Z. M., A. Abdul-Hamid and A. Osman. 2002. Antioxidative activity of extracts from Mengkudu (*Morinda citrifolia* L.) root, fruit and leaf. Food Chem. 78 : 227~231.

Zobel, B., M. Schuermann, R. Ludwig, K. Jurkschat, D. Dakternieks, and Duthie, A. 1999. Syntheses and structures of novel molecular organotin chalcogenides. Phosphorus Sulfur Silicon Relat. Elem. 150 : 325~332.

권순욱 외. 2008. "이면교배에 의한 흑자색미 안토시아닌 함량의 유전분석," 한국작물학회지, 53(s) : 58~64.

김명진 외. 2005. 『생명과학』. 월드사이언스.

농민신문사. 2005. 『쌀을 말한다』. 농민신문사.

농촌진흥청 작물과학원. 2006. 『브랜드 쌀의 생산과 관리현황』, 한쌀회 총서, 제21권.

류수노. 2011. "슈퍼자미벼의 품질특성," 한국국제농업개발학회지, 23(2) : 174~178.

_____.2012. "큰눈자미벼의 품질특성," 한국국제농업개발학회지, 24(2) : 207~211.

_____.2013. "대립자미벼의 품질특성," 한국작물학회지, 58(2) : 185~189.

박순직. 2005. "FT-NIR을 이용한 유색미의 C3G 색소함량 예측모델 개발," 한국방송통신대학교 논문집(40) : 459~464.

박순직 외. 2002. "유색미 잡종후대에서 조만생군의 C3G와 P3G 함량변이," 한국방송통신대학교 논문집(34) : 273~286.

박순직 외. 2006. "C3G 색소 고함유 벼 품종의 자유라디칼 소거작용 및 항염효과." 한국작물학회지, 51(S) : 107~112.

_____. 2008.『식용작물학Ⅰ』. 한국방송통신대학교출판부.

송유천. 2013. "가공용 원료곡 벼품종 개발 및 이용 현황," 쌀의 우수성 및 가공이용 확대방안 심포지엄, 농촌진흥청.

이종훈 외. 1997.『벼와 쌀의 지혜』. 한국방송통신대학교출판부.

염경진. 2013. "쌀의 생리활성 성분을 이용한 대사증후군 예방소재개발," 쌀의 우수성 및 가공이용 확대방안 심포지엄, 농촌진흥청.

전방욱. 2005.『식물생리학』. 라이프사이언스.

한국작물학회. 2012.『우리 몸을 지켜주는 식량작물 이야기』. 한국작물학회.

[등록특허]

○ 국제특허

　– 미국 : Rice cultivar C3GHi

　　　　출원번호 : 제10-770,567 (2004. 2. 4)

　　　　등록번호 : US 7,829,771(2010. 11. 9)

　– 일본 : 多量の天然色素シアニジン 3-グりコサイドを含有水稻種子

　　　　등록번호 : 제 3986499호, 등록일 2007. 7. 20.

　– 일본 : 면역력 증강을 통한 항아토피 활성을 갖는 슈퍼 C3GHi 자미벼

　　　　출원번호 : 2009-208314(2010. 8. 10)

　　　　등록번호 : 10-2010-0060731(2013. 7. 16)

○ 한국특허

　① 유색미 및 유색미강으로부터 천연 항산화색소 성분을 정제하는 방법(류수노 등 4인)

　　　출원번호 : 98-28114, 출원일 1998. 7. 13.

　　　등록번호 : 제0294731호 (2001. 4. 19)

② C3GHi 벼 신품종의 육종방법(류수노)

　　출원번호 : 2003-0007235 (2003. 2. 5)

　　등록번호 : 제10-0687311호 (2007. 2. 20)

③ 검정쌀 유래의 항산화화합물 오리자퓨란 및 이의 분리방법(류수노, 한상준)

　　출원번호 : 2005-0010846 (2005. 2. 4)

　　등록번호 : 제10-0639835호 (2006. 10. 23)

④ 면역력 증강을 통한 항아토피 활성을 갖는 슈퍼 C3GHi 흑자미벼 (류수노, 한상준, 권순욱)

　　출원번호 : 제10-2010-0060731(2010. 6. 25)

　　등록번호 : 제10-1128354호 (2012. 3. 13)

⑤ 슈퍼자미가 함유된 마카롱의 제조방법(류수노, 김봉수, 고재석)

　　출원번호 : 제10-2012-0096153 (2012. 8. 31)

　　등록번호 : 제10-1328649호(2013. 10. 22)

[개발품종]

① 대립자미(2009. 12. 2)

　　출원번호 2009-477, 등록번호 4150호 (2012. 10. 17)

② 슈퍼자미(2009. 12. 2)

　　출원번호 2009-478, 등록번호 4151호 (2012. 10. 17)

③ 큰눈자미(2009. 12. 2)

　　출원번호 2009-479, 등록번호 4152호 (2012. 10. 17)

④ 빠른슈퍼자미(2013. 4. 19)

　　출원번호 : 102013000289

⑤ 늦은슈퍼자미(2013. 10. 25)

　　출원번호 : 102013000290

찾아보기

ㅇ

ㅈ

영문

기 타

지은이 약력

류 수 노 (柳守魯)

○ 한국방송통신대학교 농학과 졸업(농학사). 충남대학교 대학원(농학석사, 박사)

○ 일본 나고야대학 식품과학부 객원연구원. 미국 University of Rutgers(Post Doc.)

○ 주요성과

　학술저서 : 『자원식물학』 등 10권

　논문 : 「High Performance Liquid Chromatographic Determination of Anthocyanin Pigment in Some Varieties of Black Rice」 등 123편

　특허 : 「多量の天然色素 C3G 含有水稻種子」 등 국제특허 5건

　　　　「C3GHi 벼 신품종의 육종방법」 등 국내특허 11건

　신품종 개발 : 「슈퍼자미」 등 7건

　슈퍼자미장학회 설립(현재 이사장)

○ 수상

　한국작물학회 학술상(한국작물학회 회장)

　연구분야 신한국인상(대통령)

　제18회 과학기술 우수논문상(과학기술단체총연합회 회장)

　제11회 농림수산식품과학기술 대상(농림수산식품부장관)

　제14회 농림축산식품과학기술 대상(교육과학기술부장관)

　제16회 농림축산식품과학기술 대상(농림축산식품부장관)

　2010년 대한민국 100대 연구성과패 수상(교육과학기술부장관)

　교수 연구 분야 최우수상(총장)

　교수 교육 분야 최우수상(총장)

　Vision 2010 대한민국 교육혁신 대상(서울신문사 사장)

○ 경력

　한국방송통신대학교 농학과 교수(현재), 슈퍼자미장학회 이사장(현재), 한국작물학회 회장(전), 한국국제농업개발학회 부회장(전), 전국국공립대학교수회연합회 공동회장(전), 한국방송통신대학교 기획처장(전) · 대전충남지역대학 학장(전) · 충북지역대학 학장(전) 등